AF247083

LE SÉCRÉTISME ANIMAL.

NOUVELLE DOCTRINE

FONDÉE SUR

LA PHILOSOPHIE MÉDICALE.

PAR

A. CHRISTOPHE, D'-M.

«Mens agitat molem.»
(VIRGILE.)

PARIS ET STRASBOURG,

DANS LES PRINCIPALES LIBRAIRIES MÉDICALES.

1836.

STRASBOURG, IMPRIMERIE DE G. SILBERMANN.

INTRODUCTION.

Mon but dans cet écrit est d'*expliquer l'homme ;* de faire connaître et sa nature essentielle et ses forces primordiales ; de développer et leur jeu et leur entretien par la *sécrétion* de la *sensibilité,* source physiologique d'animation.

A l'imitation d'Hippocrate qui a réuni la médecine à la philosophie, j'appelle à mon aide le flambeau de cette dernière, non de cette philosophie bâtarde, fruit suranné des imaginations platoniques, non de ces doctrines immatérielles, résultat délirant de l'abstraction, mais bien d'une philosophie positive, expérimentale, basée sur les forces agissantes de la nature.

Depuis l'antiquité la plus reculée il a existé des observateurs, des hommes avides de découvrir les mystères profonds des causes premières. Par sa vastitude le monde échappait à leur contemplation : aussi n'ont-ils que divagué dans l'explication auda-

Cet ouvrage est spécialement consacré aux philosophes, aux législateurs, aux naturalistes, aux médecins, aux littérateurs, et à toutes les imaginations élevées qui veulent avoir des idées contemporaines de l'homme, de son origine mystérieuse, de sa structure arboréale, de ses lois spiritueuses, de son hygiène facile, de ses désordres morbides et de ses moyens curatifs, fondés rationnellement sur une nouvelle théorie de la nature.

cieuse qu'ils en ont donnée. Chacun apportait bien son principe : Thalès, l'eau; Héraclite, le feu; Épicure, les atomes; Anaxagore, l'intelligence; Hésiode, l'amour, etc. : mais c'est du choc de tous ces systèmes que doit jaillir l'étincelle du véritable moteur de l'univers; de même que c'est du concours de toutes les parties d'un végétal que doit résulter le bourgeon du fruit futur. Le fruit du grand arbre de la science, c'est la vérité. Les hommes qui nous ont précédés, n'étaient donc pas destinés à voir éclore ce germe impressionnant ! La nature les condamnait donc à puiser dans son sein par leurs racines intellectuelles les éléments de sa composition lointaine. Ces grands hommes qui nous apparaissent dans le passé comme des fantômes vaporeux, n'ont donc retiré de leur amour pour l'investigation que l'aveugle satisfaction de l'erreur. Nous-mêmes, jouets de la marche physiologique des choses, ou plutôt entraînés dans le torrent de la durée, ne faisons-nous qu'apporter au grand arbre de la science, des éléments d'époque, que sa croissance végétative épure de siècle en siècle, pour excréter un jour dans la nuit de l'avenir, le fruit merveilleux soustrait à notre avidité, comme ceux du Ténare au passionné Tantale. Malheur donc à nous, ô atomes passagers, placés sur la scène de la nature comme une pierre à la base d'un édifice, sans pouvoir jamais en contempler le dôme majestueux; comme un insecte rampant à la racine d'un palmier, sans pouvoir jamais admirer la guirlande qui le couronne!

C'est quand ces vastes pensées viennent nous assaillir, que la philosophie est bien consolatrice. Mercenaires de la nature, nous ne devons pas moins l'aimer et apporter chacun notre tribut intellectuel à la grande purification. Heureux, cent fois heureux, ceux dont le nom surnage! Bienfaiteurs du genre humain, leur mémoire en est chérie, adorée! O Thalès, Aristote, Lucrèce, et vous tous jusqu'à ce jour, vous tous qui avez agrandi l'entendement humain et la compréhensibilité de la nature, Bacon, Locke, Pline, Buffon, Keppler, Newton, et vous, illustrations passées et gloires vivantes que j'omets faute d'haleine, recevez les remercîments de l'humanité. Votre âme passée dans vos écrits, nous instruit tous les jours; nous vivons de votre vie, nous pensons de votre pensée, pour transmettre à nos descendants les éléments intellectuels dont vous nous avez sustentés: agréez donc d'avance leurs hommages et notre reconnaissance.

Les hommes qui cultivent le grand arbre de la science, se sont partagé des fonctions diverses. C'est ainsi que les plus vastes intelligences embrassent son économie entière, sa grande a. :hitecture; ils portent leur pénétration sur les causes suprêmes et astronomiques de la nature, et préparent le bourgeon qui doit dérouler aux humains l'ovaire fructifiant de la vérité universelle; d'autres, moins ambitieux, s'attachent à des branches isolées, comme les minéraux, les végétaux et les animaux; enfin, il en est qui sont captivés par le désir exclusif de connaître la fleur de la nature, l'homme, le dernier produit de l'évolution des choses.

Cette science de l'homme, la médecine, a été dans l'origine, comme celle de l'univers, un tissu obscur d'hypothèses et d'extravagances. Mais des savants, forts de jugement et de génie, finirent par débrouiller la confusion de ce germe primitif et par dessiner les rudiments de son développement futur. Ils en firent également une organisation arborescente dont ils se partagèrent les branches et les rameaux. Les uns s'emparèrent de sa totalité, et voulurent expliquer les lois générales de l'économie vivante, et saine et malade. D'autres ne s'attachèrent uniquement qu'à la physiologie ou à la pathologie, qu'à la chirurgie ou à la diététique, etc. Parmi les premiers, on cite à la tête de tous, le grand Hippocrate, père de la médecine, la gloire la plus brillante de l'antiquité, et encore aujourd'hui le flambeau de notre art, dont les vrais principes, épars dans ses écrits, étincellent parmi les erreurs attachées à l'origine des temps.

L'expérience lui apprit que l'homme était soumis

à une force interne qu'il qualifie souvent de *faciens impetum*, le premier mobile des maladies. Ce trait de lumière devait inspirer le dogmatisme. Il fut contredit par Sérapion qui imagina l'empirisme. Asclépiade adoptant les atomes d'Épicure, donna le jour à la médecine corpusculaire. Cette théorie révéla au méthodiste Thémison que tout dépendait de l'état des pores, du *strictum* et du *laxum*, « qui corres-« pondent assez, dit Bichat (*Considérations sur l'ana-« tomie générale*), à l'inflammation et à l'hydropisie. » Athénée, de la secte des Stoïciens, introduisit leur pneuma dans la médecine, et le premier donna une cause unique aux rouages de l'économie. Agathée de Sparte, voyant la diversité des opinions, chercha à les rallier par les premières idées de l'éclectisme. Galien, génie de la plus vaste érudition, après avoir réuni la philosophie de Platon à celle d'Aristote, se sentant par-là sur le chemin du vrai, reconnut dans l'homme des forces vitales, animales et naturelles : ce fut déjà un grand pas vers la médecine organique. Depuis ce grand homme, la seconde lumière de notre art, jusqu'à Paracelse, on ne vit point de novateur remarquable, à cause de l'abrutissement et de l'ignorance que les guerres ont répandus pendant ce laps sur le genre humain. Paracelse possédé de magie, inventa la philosophie occulte, si propre aux idées astrologiques du siècle, et appela Archée, la cause principe de toutes les lois de l'homme. Fatigué de la philosophie occulte pour expliquer des effets évidents, Vanhelmont, qui admit et s'appropria en quelque sorte l'archée de son prédécesseur, forma, conjointement avec Sylvius et Wyllis, l'école appelée chimique, remarquable par sa cohésion, son effervescence, son humide radical, ses esprits animaux, etc. Quoique grossière et fausse, cette théorie n'eut pas moins l'avantage de faire avancer la science.

A la chimiatrie succéda le mécanisme vivant, qui eut pour fondateur Borelli, et pour principaux fauteurs : 1° Boerhave, qui expliquait tout par la statique et l'hydraulique; et 2° Hoffman, qui l'a modifié par ses idées mécanico-dynamiques qu'il soumettait pourtant à une âme éthérée. Tous ces systèmes et sa propre observation révélèrent la tonicité des fibres à Stahl, que cette découverte rendrait encore plus célèbre s'il ne lui avait pas donné une cause platonique, l'âme immatérielle, chimère spéculative qui abandonnait tout à l'autocratie de la nature. Sauvages modifia le stahlianisme. Cullen y trouva sa force nerveuse; Haller, son irritabilité. Bordeu, adoptant cette dernière idée au *strictum* et au *laxum* de Thémison, jeta les premiers fondements de la médecine organique sur les débris chancelants de l'humorisme d'Hippocrate et de Galien. Barthez remplace l'âme de Stahl par le principe vital; mais il déclare que sa nature spirituelle ou matérielle lui est indifférente. C'est un progrès qui devait conduire la philosophie à la négation absolue de toute incorporéité métaphysique. Le principe de Barthez n'est pourtant que la généralisation de l'irritabilité de Haller et des propriétés organiques de Bordeu. Brown les réduit encore à l'excitabilité, un autre synonyme; et se rappelant le *strictum* et le *laxum*, leur donne pour cause l'excès ou le défaut de cette même excitabilité, sous les expressions équivalentes de *sthénie* et d'*asthénie*. Bichat, s'emparant à la fois de la tonicité de Stahl, de l'irritabilité de Haller et des vues organiques de Bordeu, dissèque l'homme avec persévérance, et en démarque les tissus par des traits caractéristiques; de plus, ne pouvant se refuser au *strictum* et au *laxum*, et par conséquent à la sthénie et à l'asthénie de Brown, veut aussi ramener toute la pathologie à l'exaltation et à la diminution des propriétés vitales qu'il divise métaphysiquement en classes, genres, espèces, variétés, comme ses tissus. Enfin, M. Broussais admettant le strictum et le laxum, la sthénie et l'asthénie, l'exaltation et la diminution, reproduit les mêmes idées sous les noms de *sur-inflammation* et de *sub-inflammation* qu'il soumet premièrement à l'irritation, c'est-à-dire au jeu pathologique de l'irritabilité de Haller, de l'excitabilité de Brown et de la sensibilité

de Bichat, trois synonymes. Réfléchissant à mon tour
sur cette succession de systèmes engendrés les uns
par les autres, et m'apercevant que depuis le vague
pneuma d'Athénée, les forces vitales, animales et naturelles de Galien, la philosophie occulte de Paracelse, jusqu'à la chimie de Sylvius, la mécanique
de Boerhave, le solidisme de Bordeu, etc., la médecine s'était considérablement modifiée, et ten-
dait à l'expérimental à mesure que la métaphysique
s'éloignait des explications et que les forces primitives s'identifiaient avec la matière organique : je ré-
solus de secouer totalement le joug de l'abstraction,
et de rendre consubstanciels et inhérents à la trame
les principes moteurs de notre économie. De plus,
remarquant que ces principes moteurs, à partir du
faciens impetum d'Hippocrate jusqu'à l'archée de
Vanhelmont, depuis l'âme de Stahl jusqu'à la sensibilité de Bichat, étaient regardés comme des êtres
immatériels, des vertus psychologiques, des forces
spirituelles ; et me représentant les transports de la
phrénésie, les contractions du tétanos, les convulsions de l'épilepsie, je ne pus m'empêcher de sourire d'une telle contradiction : ce qui fit jaillir en
moi l'idée d'un mobile physiologique général, dont
l'essence positive est moléculairement douée de la
faculté de sentir et de se mouvoir, et de produire
tous les phénomènes de l'économie. Ce mobile pri-

mordial est le fluide nerveux, ou plus concisément et plus rationnellement le *feu-nerveux* distillé par le *sécrétisme animal*. Par lui, j'explique l'homme, et sa vie physique, et sa vie intellectuelle et sa vie morale : 1° sa vie physique, en faisant connaître les éléments primitifs qui composent l'économie, la génération de ses organes, leurs fonctions d'essence, l'entretien et la réparation pendant toute l'existence de ces fonctions dépensières, enfin les tempéraments, les âges, les maladies, etc.; 2° sa vie intellectuelle, en dévoilant la nature jusqu'ici problématique de l'âme, ses acquisitions faussement dites spirituelles, et sa puissance volontaire sur la locomotion dont le mécanisme n'est plus une énigme; enfin, 3° sa vie morale, en développant, je ne dirai pas l'influence des organes sur le principe pensant, ce qu'a fait Cabanis, mais bien le lien, le jeu et l'identification élémentaires et réciproquement solidaires du physique, de l'intellectuel et du moral; ce qui éclaircit le pourquoi et le comment de tous les mystères de la physiologie et de la psychologie confondues et élevées ensemble sur les fondements de l'impérissable matérialité et de l'immédiate expérience.

C'est donc à juste titre que j'ai donné à cet ouvrage le nom de *Philosophie médicale,* c'est-à-dire de science des causes premières en médecine, puisqu'on y voit l'organisation intime de l'homme, et le mobile primitif de la distribution de ses appareils et de ses fonctions ; puisqu'on y voit pourquoi l'économie est sanguine, bilieuse et atrabilaire ; pourquoi le sanguin est spirituel, léger, colère ; le bilieux, ardent, opiniâtre, égoïste ; l'atrabilaire, sagace, défiant, ambitieux ; puisqu'on y voit comment l'homme pense, l'homme se souvient, l'homme imagine et l'homme agit ; comment l'homme naît, se développe, acquiert toute sa vigueur, décroît et s'éteint ; et comment enfin se modifie, dans ces diverses phases de sa carrière, l'action réciproque et conséquente et des forces de son corps et des forces de son âme.

Tout cela m'a été inspiré par l'étude des anciens et des modernes, et notamment par la méditation habituelle des *Recherches physiologiques*, de Bichat, *sur la Vie*, et des *Histoires* de Leclerc et de Sprengel, que j'ai analysées, commentées et critiquées dans deux volumes de *Prolégomènes*, les fondements du *système* dont je communique aujourd'hui la *récapitulation* à mes contemporains. Puissent-ils y découvrir les vérités nouvelles qui ont semblé me sourire dans ce travail profond et attachant ! Que si pourtant, comme je l'objecte, des esprits intéressés et contraires proclamaient que ce système s'appuie sur une hypothèse, et que mon *feu-nerveux* n'est que le *pneuma* des Grecs : je leur répondrai, que la sensibilité de Bichat n'est elle-même que ce *pneuma* ;

que l'irritation de M. Broussais n'est encore que le deuxième effet du *faciens impetum* d'Hippocrate; que l'excitabilité de Brown n'est que la dénomination abstraite de la cause du *laxum* et du *strictum* de Thémison; que le principe de Barthez n'est que la réunion des forces vitales, animales et naturelles de Galien, etc. D'un autre côté, ces grands hommes n'ont pas expliqué la nature intime, ni la source de leur moteur primordial; ils n'ont pas même tout subjectifié et coordonné à leur cause suprême. Et comment l'auraient-ils fait, puisque leur principe était métaphysique, et pourtant pas assez général? Or, la tâche que je me suis imposée a été d'éviter ce reproche. J'aurai trop de satisfaction si je l'ai bien remplie, car ce sera une amélioration, c'est-à-dire plus philosophiquement, un bourgeon de plus enté sur l'arbre toujours croissant de la science. Et de même, comme je l'ai exprimé, de même que la fleur terminale est le résultat élaborateur de tous les éléments les plus purs répandus confusément dans le corps de la plante; de même mon principe, le *feunerveux*, est le résultat analytique du triage général de toutes les opinions diverses qui ont successivement traversé le corps de la science depuis Hippocrate jusqu'à nos jours.

OBSERVATIONS.

I.

La publication des *Prolégomènes* annoncés étant très-dispendieuse, dépendra de l'accueil plus ou moins favorable que les philosophes et les médecins feront à ma doctrine ; toutefois, quels
qu'en soient les succès présents, car il faut souvent un siècle pour
apprécier une innovation, s'il se présente un nombre suffisant de
souscripteurs, je les livrerai à l'impression.

(On souscrit à Paris, à Strasbourg, à Montpellier, etc., dans les librairies médicales qui vendront ce volume.)

II.

Le mot *sécrétisme* a deux acceptions ; ou il exprime le système
lui-même, et alors *sécrétiques*, au pluriel, désigne ses partisans ;
ou il signifie action de sécréter, de faire une sécrétion qui est éliminée par une excrétion : d'où l'on doit inférer une différence implicite suffisante pour ne pas les confondre.

Les adjectifs *sécréteur, sécrétant, sécrétoire, comburant, distillant, triant,* etc., peignent le pouvoir physiologique ; les expressions *sécrété, trié, distillé,* etc., représentent l'effet. D'ailleurs
tous ces termes seront rendus facilement compréhensibles par
l'explication des phénomènes, et cette observation n'est destinée
en quelque sorte qu'à l'interprétation du titre de l'ouvrage.

MÉDECINE PHILOSOPHIQUE

OU

L'HOMME

PHYSIQUE ET SENSIBLE,

EXPLIQUÉ

DANS L'ÉTAT DE SANTÉ ET DE MALADIE,

PAR

LE SÉCRÉTISME ANIMAL.

—————

Dans toutes les phases systématiques par lesquelles la science a passé depuis l'origine fabuleuse jusqu'Hippocrate, et depuis ce grand homme jusqu'à nous, on voit, en se résumant, que la médecine a successivement traversé les modifications de l'humorisme, du solidisme et du vitalisme physiologique, mais sans principe capital, moteur primordial de l'existence et de ses fonctions. Le *Sécrétisme* seul, par ses triples phénomènes d'attraction, de combustion et d'expansion, attachés à l'essence de l'a-

tome actif, peut donner une satisfaction rationnelle des
actes vitaux et pathologiques. Il embrasse à la fois toutes
les idées, toutes les opinions; et c'est pour son édification
que les grands génies médicaux ont travaillé, de même
que c'est pour le fruit si épuré que toutes les parties constituantes d'un végétal ont antérieurement fonctionné.

Il renferme implicitement le vitalisme par l'idée-prin-
cipe du *feu-nerveux*, quintessence de l'atome actif incréé,
qui se répand des centres fabricateurs aux appendices viscéraux conducteurs de sa sphère de dégagement. Il contient
le solidisme en ce que, dans toutes les actions de l'organisme, c'est le *feu-nerveux* qui modifie la fibre, les tissus,
et change le ton de leur énergie que la thérapeutique tend
à redresser et à ramener au rythme naturel. Il asservit encore l'humorisme, parce que, dans tout acte ou normal,
ou maladif, le feu-nerveux, modifiant les solides, appelle
en eux ou en retire les fluides esclaves de sa stimulation,
pour en former ou en résoudre l'inflammation, les exalter
ou les affaiblir, les engorger ou les désobstruer, etc. Il
embrasse même le mécanisme, en ce que c'est par ce dernier que les agents extérieurs influencent primitivement le
rayonnement électrique et secondairement les humeurs,
en les refoulant sur les organes internes, les solides qu'ils
enrayent et morbifient. C'est donc à sa puissance d'explication qu'il faudra recourir dans toute interprétation médicale, soit de physiologie, d'hygiène ou de pathologie. Aussi
ce caractère de généralisation est-il le cachet du vrai et la
preuve incontestable que le *sécrétisme* seul préside aux
lois de la nature, puisqu'il s'adapte à tout, qu'il embrasse
toutes les particularités, et que le *flatus* électrique, comme
nous l'avons vu dans nos Prolégomènes, a produit, selon
les époques, par ses effets et par leurs symptômes, les di-

verses dénominations systématiques du *faciens impetum* d'Hippocrate, de la plénitude érasistratéenne, de l'intempérie galénique, du soufre, du mercure et du sel paracelsiques, de l'acrimonie de Sylvius, de la congestion stahlienne, de l'obstruction de Bœrhave, de la sthénie de Brown, etc. Toute répétition deviendrait inutile et n'augmenterait pas la conviction que le lecteur en a tirée. Nous n'avons donc plus qu'à présenter l'analyse rapide de notre système, aussi vrai dans son principe que rationnel dans ses conséquences philosophiques et médicales.

PHILOSOPHIE.

DIEU. — Il est entendu que dans cet ouvrage je n'ai pas en vue d'attenter à l'existence de Dieu, pas plus qu'à celle de l'âme. Les théologiens placent la divinité bien audessus de la nature uniquement composée de vile matière qui dégraderait sa majesté suprême. C'est aussi mon sentiment. C'est pourquoi, par un de ces élans de conviction qui n'appartiennent qu'aux grandes pensées, j'ai, dans cet écrit si indépendant, toujours rejeté de toutes mes forces son alliance impossible avec la nature. Je l'ai même expulsé du sein de cette nature grossière pour éviter le sacrilége et la profanation. Car je le répète, si Dieu existe (*si Dii sunt*, Lucain), il ne peut se trouver qu'aux derniers termes matériels de l'atmosphère du monde. C'est pourquoi je le relègue dans les régions métaphysiques qui embrassent nuageusement l'ensemble de l'Univers; et je proscris aux naturalistes toute explication qui tendrait à le faire entrer comme cause efficiente, comme architecte ou conservateur permanent des organisations astrales, planétaires, végétales et animales. La part de la métaphysique est donc faite; elle ne doit donc s'exercer que sur les spéculations qui peuvent l'inspirer dans le domaine extra-naturel, dans la région suréthérée et finale des confins les plus extérieurs de la matière firmamentale. Parce que, si l'on mélangeait Dieu et son essence inétendue avec les matériaux avilissants des organisations et de leurs parasites, il pourrait se rencontrer abjectement avec les laves volcaniques, avec les gaz méphitiques des marais, avec le cerveau et sa sérosité, avec le foie et son fluide, etc.: ce qui révolte la raison la moins sensée. Admettons donc Dieu.... Mais laissons-le sur son trône immortel, autant au-dessus des frontières atmosphériques de la nature universelle que leurs points antipodes sont distants l'un de l'autre et nous de chacun d'eux; car nous sommes englobés dans l'immensité circonférencielle, comme le végétalcule, parasite follet d'une fleur centrale d'un marronnier, est perdu au milieu de son feuillage majestueux.

J'en dis autant de l'âme. Les psychologistes les plus orthodoxes admettent une influence primitive et divine, un moral venu du ciel, espèce de souffle de la raison suprême. C'est ce souffle immatériel qui est peut-être mêlé à la pulpe que j'ai nommée mentale, et qui la doue probablement de ses propriétés conscientes et physiologiques: j'aime à émettre le doute de ce que j'ignore. Quoi qu'il en soit, je fais cette proclamation protectrice pour éviter toute interprétation d'athéisme et d'irréligion que des âmes perverses, mais spécieusement charitables et jésuitiquement philanthropes, pourraient bien provoquer contre mes écrits consciencieux. C'est le gâteau préservatif qu'on jette tributairement dans la gueule de Cerbère, la sentinelle infernale de l'ignorance, de l'envie et du fanatisme, pour pénétrer scientifiquement dans le noir abîme des vérités soit primordiales, soit même intellectuelles.

L'UNIVERS. — L'Univers est l'organisation qui embrasse toute l'étendue de la matière. Depuis les philosophes anciens jusqu'aux modernes, on s'est aveuglément accordé à admettre des puissances motrices sous les noms indifférents d'âme, de pneuma, d'esprit; et en médecine, d'orgaôn, d'énormôn, d'archée, de principe vital, etc. Ce qui pousse logiquement notre esprit à l'existence positive de deux sortes de matières : l'atome actif et l'atome passif qui ont donné la suggestion de toutes ces expressions bizarres, les dénominations vagues de leur double essence. L'atome actif et le passif seront donc le résumé philosophique de toutes les tentatives antérieures pour découvrir la nature des choses, qui, quoi qu'on fasse, et si l'on ne s'égare pas dans le dédale de l'abstraction et de l'erreur, sera toujours réductible à cette pensée jumelle : l'activité et la passivité de la matière. De sorte que les atomes moteurs et inertes circulent dans l'immensité, en changeant mille et mille fois de rapports, de proportions et par conséquent d'énergie, pour différencier les organisations que l'Univers embrasse : à peu près comme les nuages orageux d'une atmosphère extrêmement chargée, échangent tour à tour la somme variable de leur électricité surabondante. C'est encore l'image du levain qui renferme ses principes fermentatifs, d'un bulbe radical qui contient ses esprits de végétation ; d'un embryon humain qui renferme son feu d'animalisation , etc.

L'activité et la passivité atomistiques se balancent et se modifient dans le grand Tout comme les flots dans l'Océan, de sorte que la vitalité et l'inertie ondulent, s'écoulent, s'agitent, se marient et divorcent sans cesse, depuis le débrouillement primordial jusqu'à présent, pour composer les organisations et leurs lois résultantes qui nous apparaissent et disparaissent dans le magnifique tableau de la nature.

Soient donc les atomes actifs et les atomes passifs. Tous les deux ont des caractères dépendants de leur essence. Les derniers entièrement inertes, n'ont d'autre distinction que de servir de gangues, de matrices, d'aliments, de supports, de mobiles tout à fait esclaves à la maîtrisation des autres. Ces actifs, au contraire, ont une motilité inhérente, constitutionnelle, de sorte que le mot *mouvement* est l'indicateur grammatical de leur substance essentiellement agissante. Ce mouvement, point de départ le plus originel des choses, a pour premier caractère le stimulus, l'*attraction*, le désir physique. En raison de ce *stimulus* primordial, les atomes passifs, les uniques aliments du monde, se sont précipités en *fluxus* dans leur tourbillon appellateur et dominateur. Aussitôt le contact, aussitôt la première atteinte de l'activité sur l'inertie. Il en est résulté : 1° Le *sécrétisme,* combustion, triage, distillation, c'est-à-dire modification de l'atome inerte par le moteur ; et 2° l'*expansion* ou rayonnement des résultats du *sécrétisme.* Voilà donc les trois lois primitives de l'Univers : *Attraction, sécrétisme, expansion,* conséquences de la nature active et passive des deux sortes d'atomes. Mais aussitôt ce premier acte, cette première union de ces deux atomes, l'Univers, à l'état d'embryon, représentait, dans la simplicité d'un globe total, le germe du développement admirable de toutes les organisations futures, et de l'immensité de leurs ramifications astrales et planétaires, enchaînées dans l'espace. Les atomes actifs ont occupé le centre, les passifs la circonférence, en formant une atmosphère immense d'expansion. De ce tourbillon générateur sont sortis tous les atomes modifiés par le triage embryonique. Lancés dans le vide en molécules diverses, ils ont formé, par leur prodigieux éloignement du foyer primitif, des agrégations variables, qui, livrées à leur propre énergie, ont organisé des foyers secondaires sur le même plan et par les mêmes lois que leurs auteurs, et ont constitué par la succession des irradiations centrogénérales, des ramifications immenses, lesquelles se sont étendues indéfiniment en branches, rameaux, ramuscules, qui ont développé, par évolutions metaphoriquement végétales, toute la masse des sidérations les plus élevées, toute la multitude des constellations qui leur furent immédiatement subordonnées, toute l'innombrabilité des soleils qui s'y ajoutèrent toujours postérieurement, et toute l'infinité des planètes, des satellites et des comètes qui les terminèrent, en formant un branchage sphéroïdo-total. C'est ainsi que s'ébaucha le grand arbre de la Nature qui s'agrandit et grossit dans son ensemble et ses parties, par les évolutions consécutives qui consumèrent la totalité des atomes actifs et passifs du centre pour les reporter à la circonférence, par un double courant qui n'a pas d'autre terme que l'éternité; lequel courant fait user les astres inférieurs du tronc pour être dissipés, rayonnés aux astres supérieurs des branches, des rameaux et des extrémités, afin de les alimenter et de les grandir de plus

en plus', jusqu'à ce que les autres, immédiatement postérieurs et occupant le centre, soient consumés, dissipés
et rayonnés de même, toujours au profit des branchiaux
et des circonférenciels : et ainsi de suite par une alternative de sécrétisme et d'expansion, de concentration et
d'évaporation qui ne finira pas plus que l'existence in-
créée des deux sortes de matières provocatrices de ces
phénomènes grandioses.

Telle est l'idée grossière encore de la physiologie primitive et permanente de la nature générale, qui s'entretient
lentement, insensiblement dans sa magnifique organisation par la sublimité de ses lois éternelles. Les astres furent
successivement éloignés du centre par la force de projec-
tion de l'expansion sécrétrice : ce qui les fit tourbillonner
dans l'espace par les mouvements de rotation qui nous
étonnent; et furent maintenus à distance, 1° par l'enchaînement des foyers immédiatement supérieurs, qui les as-
servirent par leur attraction, et 2° par la résistance neu-
tralisatrice que les expansions réciproques opposèrent aux
stimulus attractifs. C'est ainsi que le système planétaire,
petit ramuscule céleste, petit bouquet d'un vaste végétal,
est lié aux constellations supérieures, opposant l'énergie
de son rayonnement calorique et lumineux à l'atmosphère
plus puissante de leur sidération qui voudrait l'engloutir;
et que le soleil en particulier repousse à distances diverses
les organisations planétaires inférieures qui tendent à tomber dans le foyer maîtrisateur de sa combustion.

Mais en même temps que les parties de l'Univers se dis-
posaient en arborisation dans l'immensité, il s'opérait un
triage, une élaboration successive d'éléments, c'est-à-dire
des mélanges grossiers embryoniques, résultats des premiers sécrétismes. De sorte qu'à partir de cette embryonie

jusqu'aux branches, aux rameaux, aux ramuscules, aux appendices planétaires et satellitaires, les matériaux constituants se sont élaborés et s'élaborent sans cesse par une perfection intime de substances, qui fait que les éléments du tronc sont plus bruts quoique plus énergiques, les éléments des branches moins impurs et déjà moins puissants, les éléments des rameaux moins grossiers et moins actifs, ceux des ramuscules plus triés et moins moteurs, ceux des appendices planétaires plus purs, mieux distillés et de force encore moins rapide. De sorte que depuis les astres centraux jusqu'aux satellites circonférenciels, il y a une gradation dans le matériel, l'énergie et la forme, comme depuis le tronc d'un arbuste florescent jusqu'aux feuilles, jusqu'aux calices, aux corolles, aux organes sexuels. Tout s'est purifié et perfectionné par le triage et le sécrétisme. Les masses constitutives de notre planète forment, par leur arrangement concentrique et superposé, le pédoncule propre à soutenir l'échafaudage des ramifications postérieures des règnes minéral, végétal et animal, par une disposition intérieure qui représente un arbre métaphorique et analytique, plissé et replissé de mille et mille manières avec ses gradations épuratives de tissu ligneux, de tissu herbacé et de tissu floral, mus par des forces électriques propres à la nature de son organisation. Aussi est-ce aux extrémités les plus pures que le règne minéral, impulsé par le spiritus bouillonnant du foyer, le produit des atomes actifs primordiaux, que le règne minéral, dis-je, s'est déroulé dans l'embryonie terrestre en mille et mille productions originelles qui, se perfectionnant de plus en plus, ont fait, depuis cette époque si éloignée jusqu'à nous, une innombrabilité de genres, d'espèces et de variétés qui nous sont inconnus, et que le mouvement décompositeur interne a détruits depuis des milliers de siècles. Après une élaboration suffisante, les derniers minéraux, par la purification de leurs atomes actifs et passifs constituants, ont déroulé les germes de la végétalité, lesquels ont aussi amené, par la dispersion de leurs débris et l'amélioration attachée au développement indéfini de la nature, une infinité de genres, d'espèces et de variétés, dont les plus originels ont subi le sort désastreux des premières organisations minérales, et dont les derniers nous apparaissent sur le magnifique tableau de la terre.

Quand la matière végétale, composée aussi d'atomes actifs et passifs, a été suffisamment triée par les sécrétismes successifs, elle a ébauché aux extrémités les plus exquises les rudiments des animaux qui se sont élevés par la même évolution, par les mêmes ramifications graduelles et épuratives, et ont déroulé successivement les zoophytes, mollusques, annélides, crustacées, insectes, poissons, reptiles, oiseaux et mammifères, lesquels doivent être, dans leur classement généalogique, rapportés tous aux diverses hauteurs d'un arbre de formation, selon leurs degrés de perfection respective. Et cet arbre est bien manifeste dans l'ordre des vertébrés; mais il existe encore dans les invertébrés, quoique moins apparent, parce que l'animalité présente dans son ensemble la double division de l'homme dans son individualité, où la vie organique, c'est-à-dire pectoro-abdominale, est conformée monocotylédonément, invertébralement, tandis que la vie animale est constituée dycotylédonément, vertébralement, mystère anatomique que nous pourrons dérouler plus tard. Mais sans nous écarter dans des considérations trop particulières et minutieuses, résumons que toute la nature ne forme qu'un être depuis le centre jusqu'aux extrémités ; que toutes les organisations qui la composent, s'enchaînent par les mêmes lois, quoique graduelles et perfectives, et se coordonnent et se modifient sous un type unique, *l'arborisme*, forme éminemment philosophique dérivée de *l'attraction radicale*, de la *combustion troncale* et de *l'expansion branchiale du sécrétisme*, laquelle forme se trouve en rudiments et en intrication dans la texture des astres, des planètes et des cristaux, apparaît avec évidence et plénitude dans les végétaux, et se reconnaît par l'analyse dans les animaux. Cependant, quand je dis un arbre, ce n'est point d'une manière absolue, mais relative au mode d'embranchement. L'enchaînement sidéral est un tout orbiculaire, ou plutôt sphéroïdal, se répandant dans toutes les dimensions circonférencielles, par une espèce de rotondité générale, à l'extrémité de laquelle une atmosphère relative à cette grandiose individualité, s'échappe en rayonnant au loin pour retomber disséminée dans la masse universelle, par l'éternelle et conservatrice alternativité d'absorption et d'évaporation des atomes actifs et passifs sécrétés.

On voit que je n'émets que de vastes principes ; les étendre, les développer dans cette *récapitulation systématique* nous entraînerait trop loin. Aussi je me borne là pour le présent, parce que je pense que les imaginations excentriques pourront en tirer des conséquences larges pour les appliquer aux lois secondaires, et à tous les phénomènes de la nature. Cependant, pour la compréhension plus immédiate de cette philosophie générale, je crois devoir essayer : 1° la représentation linéaire et figurative du grand Être, l'arbre total, et 2° le tableau symbolique des trois règnes, entés sur notre planète comme une fleur sur le pédoncule de son arbuste nourricier[1]. (Première figure. *Arbre sphéroïdal universel, comprenant l'infinité des astres, des planètes, des satellites et des comètes, disposés par ramifications excentriques, et terminés par une atmosphère générale.*)

Le contemplateur qui jette des regards de scrutation sur la voûte azurée, aperçoit même à l'œil nu divers plans d'étoiles : les unes jouissent de la plus vive scintillation, les autres d'une moyenne, les troisièmes d'une très-faible ; enfin il en est qu'on ne distingue plus. N'est-ce pas une preuve suffisante de la gradation des astres qui, du centre de la nature, s'enchaînent de distance en distance jusqu'aux extrémités. Cet enchaînement se fait par ramifications, car les parties de la voie lactée, les grandes divisions qui s'en détachent, les subdivisions mêmes qui partent de ces dernières, présentent une divergence évidente et un embranchement incontestable. Tous les soleils de la nature forment donc un arborisme sphéroïdal complet, depuis le tronc central jusqu'aux étoiles circonférencielles. Et notre astre avec ses planètes et ses satellites est englobé dans la totalité de l'Univers comme un thyrse central d'un marronnier est perdu au milieu de son vaste feuillage. L'homme rampe donc sur la terre comme un insecte éphémère sur un pétale du thyrse, en essuyant les vicissitudes attachées à sa double nature atomistique.

[1] Comme les 16 figures annoncées, y comprises les anatomiques, ont été faites de ma main inhabile, à la hâte et *ab intuitione,* et que surtout leur confection lithographique est par trop dispendieuse, je les ai supprimées et réservées pour paraître avec les deux volumes de *Prolégomènes.* Le lecteur y suppléera donc par une plus grande attention aux principes qui les décrivent, et que ces figures, d'ailleurs très-incorrectes, devaient seulement rendre plus sensibles par leur tracé inductif.

Les astronomes qui ne se sont pas rendu compte de la forme générale du monde, ont groupé les étoiles par constellations. Mais c'est un vicieux rapprochement : car la lumière égale, supérieure ou inférieure de celles d'un même groupe, nous exprime bien qu'elles appartiennent à des rameaux différents ou à des hauteurs diverses d'un même rameau. Abandonnons donc les abstractions qui enrayent nos sciences depuis l'enfance des spéculations, pour suivre l'essor progressif qui entraîne virilement notre raison perçante au centre même de la nature dévoilée.

(Deuxième figure. *Arbre planéto-minéro-végéto-animal, où les classes, les genres, les espèces des trois règnes sont disposés par ramifications depuis les racines jusqu'au sommet. Le globe et les minéraux forment le terrain et la tige ; les végétaux et les animaux composent le feuillage. Saturne abat des branches où la vie s'est éteinte.*)

Le globe est le germe d'où tout est sorti. La plantule a surgi d'après des lois de nature. Dans un état de croissance physiologique *sui generis*, elle a déroulé les minéraux, les végétaux et les animaux comme une plante déroule à sa manière ses branches, ses feuilles, ses fleurs et ses fruits.

L'unité, l'individu, l'arbre terrestre parcourt ses âges. Il a déjà, comme un noyer avancé, des branches mortes et dépouillées. C'est le temps, c'est l'allégorique Saturne qui, de sa faux destructrice a abattu les Mastodontes, les Sauriens, les Paléothérions, etc., etc.

Les algues, les mousses, les spongiaires et les innombrables productions perdues des immenses âges passés, ont été les premiers bourgeons qui sont sortis du *tronc minéral;* et par leur *évolution ramificativement généalogique,* ces bourgeons ont amené, en s'épurant successivement, toutes les autres espèces, jusqu'à la plus élaborée, la plus compliquée, *l'organisation humaine* et ses variétés caucasienne, mongole, malaise, nègre, ainsi que leurs dégénérescences, les crétins, les albinos, etc.

Tout cela s'est développé dans des printemps successifs propres à la terre, de la même manière que dans le printemps propre au rosier, la fleur plus perfectionnée surgit des dernières pousses de ce végétal, et jouit de plus de vitalité et de propriétés que les feuilles, les tiges et les racines. Mais comment peut naître un semblable printemps? demanderont d'exigeants lecteurs. Je vais leur offrir cet extrait d'un autre ouvrage philosophique inédit. « Les comètes sont aussi à mes yeux des planètes principales qui parcourent de vastes orbes, en passant par les phases de l'existence. Cependant elles ont un aspect de souffrance; leurs fluides, dirait-on, s'évaporent, et l'on conjecturerait que leurs habitants, races, genres, etc., s'éteignent.... Mais ne nous y trompons pas: leur passage pénible près du soleil est une des vues les plus sages de la nature. Il faut aux planètes ce contact mystérieux, à des intervalles multi-annuels et sans doute multi-séculaires. Ce contact est un *printemps* assorti à l'existence intrinsèque de la comète. Ses parasites aussi en sont influencés. La température générale se double, se quadruple, se centuple. Il s'opère alors des évolutions nouvelles, des métamorphoses vernales. Les chrysalides cométaires s'agitent, se dépouillent sous l'influence de cette chaleur inaccoutumée, et se changent pour prendre des formes incalculées, nouvelles, naturelles. Ce *printemps physiologique céleste* fait dérouler de nouveaux bourgeons. Les existences antérieures reçoivent un élan impétueux; leurs formes muent; leurs squelettes se contournent à d'autres modifications plus belles, plus élaborées. Les anciennes races, le produit et les témoins d'un *printemps* antérieur, ne paraissent plus que des monstres, que des Paléothérions auprès des créations nouvelles, et tombent *fossiles* dans les terrains d'alluvion par les bouleversements que le voisinage du soleil opère à leur passage. C'est ainsi que se marquent les âges viagers des mondes au coin destructeur des révolutions planétaires. C'est le même tableau sur notre globe. Les géologues y trouvent dans leurs fouilles anatomiques les empreintes parlantes des ravages que le temps, c'est-à-dire en se rendant compte du temps, que la physiologie de la terre a essuyés en déroulant les phases de sa vie, en passant par les âges et les modifications conséquentes que lui a répartis la nature. Mais nous, nous nous aveuglons sur ces grandes destinées, sur ces mystérieuses destinées! Trop petits pour nous élever à ces sublimes conceptions, nous les touchons à peine de l'imagination, faible point de contact à nous permis avec ces phénomènes gigantesques. O pourquoi la nature a-t-elle fait l'homme si bas! Pourquoi donc, enfant d'un âge d'ignorance, n'a-t-elle pas retardé ma vie pour des siècles de lumière, de divination, de magie!.... Car c'en est une que la science céleste; c'en est une que le secret de la nature. Cependant ne blasphémons pas. Entrevoir dans le lointain des mondes les lois qui les régissent, est pour nous une jouissance suprême. Et quand nous n'aurions pas l'espérance de pénétrer plus avant dans l'abîme de l'Univers, serait-ce encore assez pour des atomes à qui le grand Être ne doit rien.... »

Ce dernier tableau symbolique si imparfait (seconde figure) est donc l'image métaphorique d'une partie extrême de la vaste ramification de l'Univers. Les naturalistes, pour suivre cette impulsion de mon esprit, doivent dérouler de même le tronc planétaire depuis l'eau, l'humus, l'argile, les sables, les silex, la chaux, etc., jusqu'aux granits, etc. Toutefois, en négligeant les filons métalliques et les mines qui, en qualité de ramifications nerveuses de cette individualité, forment par leur abouchement général au tronc la matrice du sécrétisme central, le soutien de toute la matière de ce nouvel arborisme, en même temps que les conducteurs de l'électricité, du spiritus, de l'atome actif, du foyer animateur. Ces métaux intérieurs, à leur tour, seront appuyés à longue distance sur la masse nourricière des rayons solaires qui sont de même nature qu'eux, mais atténués à l'infini par la puissante distillation de leur centre. Ce qui indique que les matériaux les plus externes du soleil sont ce que nous appelons métalliques ; et qu'ensuite il existe une gradation de substances et de propriétés jusqu'à son propre foyer central, lequel s'appuie par une superposition analogue et croissante jusqu'aux constellations, qui, elles-mêmes, seront enchaînées aux mêmes lois de concentricité jusqu'au tronc général de la nature. Alors, quelle diversité de texture, quelle variété de matériaux, et par conséquent de dégagements spiritueux et électriques ! car le pneuma, l'atome actif, le *flatus sécréteur* diffère selon les éléments qui le travaillent et le rayonnent, puisqu'il est de même nature qu'eux, et qu'il traverse l'arborisme total depuis le centre jusqu'à la circonférence, sous les modifications que les distillations successives et supérieures lui font revêtir : ce qui fait concevoir le transport de la vitalité générale qui, semblable aux piles, aux paires voltaïques, se dégage sans cesse, et communique aux couches de plus en plus élevées, étant susceptible de les traverser à l'infini, comme l'électricité un des modes de l'atome actif primordial.

Avant de quitter cette philosophie si neuve dans son principe et son application, je ferai remarquer que cet arbre symbolique (2ᵉ planche) subit les mêmes phases que l'arbre sphéroïdo-total; c'est-à-dire qu'en même temps que les minéraux, les végétaux et les animaux supérieurs s'élaborent, se perfectionnent par la succession des générations sommitales, les inférieurs, les radicaux, les troncaux se perdent, se disséminent, se dissipent sous les révolutions planétaires qui les rongent, les défigurent, et détruisent jusqu'à la trace de leur existence, qui pourtant peut seule donner l'indice de telles phases, les périodes immensément saisonnales de la terre, et les preuves de la progression d'ensemble que j'ai théorisée et subordonnée au *sécrétisme universel*, le fondement de toute philosophie et de toute rationnalité.

L'HOMME. — Dernier terme de l'évolution des races du bourgeon planétaire, l'homme renferme en miniature extrêmement perfectionnée, l'analyse et les rudiments de toutes les parties de l'Univers qui l'ont précédé sur l'arbre immensurable du déroulement général; de sorte que sa matière passive (fibrine, albumine, gélatine et sels) est l'élaboration, un peu mélangée d'atomes actifs, de tous les matériaux inertes du tronc, des branches et des rameaux, des astres, des planètes, des minéraux, des végétaux et des animaux antérieurs. Tandis que le feu-nerveux, émanant des centres focaux, et donnant, aux organes qu'il compose avec la matière passive animale, leurs facultés vitales, est la quintessence la plus volatile, la plus exquise des atomes actifs du monde, et notammment du calorique, de la lumière, de l'électricité et des autres agents impondérables minéraux qui en sont l'expression planétaire. C'est donc par l'immense succession des astres troncaux, des constellations branchiales immédiates, des rameaux solaires adjacents, des planètes et des satellites ramuscules subordonnés, et de tout l'arborisme minéro-végéto-animal, que l'homme s'est petit à petit déroulé dans les derniers mammifères, les singes, les Papons, les Nègres, les Malais et les Mongols, pour apparaître en Europe avec son brillant physique et ses puissantes facultés sensoriales.

Il y a donc eu gradation immense, insensible et multi-millionnaire de siècles pour l'amener à ce point de perfection. C'est-à-dire que pour son achèvement complet, il a fallu des périodes inimaginables, et une infatigable constance dans les modifications essentielles et formelles des sommités animales du grand arbre de la nature; de même que pour produire le fruit comparativement si brut et si inférieur du marronnier, il faut au végétal qui le confectionne une immense succession de secondes et de minutes, un changement infini dans ses phases, une métamorphose incessante et des formes et des substances qui préparent sa composition lointaine. Rejetons donc ces idées fabuleuses de création qui opposent une digue au torrent envahisseur de la pénétration humaine, qui abrutissent la raison et rapetissent ses inspirations sublimes et ennoblissantes, en l'empêchant de s'élancer dans les causes premières de notre être et de la nature universelle; cette nature qui se déroule à notre intuition comme dans

une belle journée de printemps se développe à nos yeux le
charmant aspect d'un acacia couvert de fleurs, avec la
sensibilité de ses organes sexuels, la pureté de ses corolles
brillantes, la délicatesse de leurs calices, la ténuité des
pétioles, la finesse de ses ramuscules, les dimensions
croissantes de ses rameaux, les proportions de ses branches, et la rugosité corticale de son tronc organisé. Non,
ce n'est point seulement la nature qui est formée suivant
ce modèle philosophique, l'arborisme; toutes ses parties
cristallines, plantaires, animales mêmes, sont configurées
sur cet archétype; et pour nous en tenir à l'homme seul,
représentons-nous, comme nous l'avons déjà fait tant de
fois, représentons-nous ses racines muqueuses, canal alimentaire depuis la bouche jusqu'à l'anus : c'est le terrain
où s'implantent les radicules des absorbants lactés, lesquels
s'abouchent au système sanguin qui s'adapte au pulmonaire, le feuillage aérien de la vie de nutrition, lequel, par
l'aorte ascendante, se rend à la pie-mère artérielle, dernier terme de l'arbre nutritif, et enveloppe alimentaire,
espèce de calice protecteur où le cerveau est englobé
comme dans une matrice fécondante. Tout cet ensemble
est électrisé, sensibilifié, spiritualisé par les rayonnements
de l'arbre gris du rachis, et de ses trente et un filets correspondants qui descendent par les troncs antérieurs des
vertèbres spinales, pour aller dérouler les ganglions dont
les rameaux déférents se terminent dans les membranes
muqueuses, vasculaires et viscérales, où, conjointement
avec la fibrine, l'albumine et la gélatine, ils composent
les organes qu'ils enivrent de leur flatus intégrant. Tandis
que l'encéphale (cerveau et cervelet), produit originaire
des exhalations les plus pures de l'appareil nerveux gris,
renfermé dans le sanctuaire artériel de la pie-mère, im-

plante les racines de l'arbre blanc nerveux dans le commencement des muqueuses, par les sens de la vue, de l'ouïe, de l'odorat, du palais, du larynx, du méat vésical, du sphincter de l'anus, ainsi que dans les plexus solaires par les pneumo-gastriques; lesquelles racines albo-nerveuses sont attenantes au tronc cérébro-cérébelleux, qui élève sa tige épinière en diminuant de plus en plus de grosseur, et en développant une infinité de rameaux dans les parties correspondantes à ses diverses hauteurs, au visage, à la voix, au cou, aux bras, au tronc, aux jambes, et finalement aux testicules germinateurs et reproducteurs de l'individualité spécifique; tandis que les deux centres, par leurs filets terminaux, s'abouchent aux derniers linéaments capillaires de la fibrine artérielle, pour constituer par un lacis admirable tout le système musculaire dont ils recouvrent l'espèce de feuillage par l'enveloppe garantissante de la peau où s'exerce le tact; lequel tact est le résultat du rayonnement général du flatus sensorial qui, en contact dans sa divergence avec les agents externes, est repoussé par leur influence sur le centre mental qu'il avertit de leur présence plus ou moins compromettante. Mais ici nous entrons dans le domaine anatomico-physiologique de la médecine. Développons donc ces idées plus amplement, après avoir conclu finalement que cet embranchement du sécrétisme blanc et gris de l'homme est la représentation en miniature de la vaste sidération de l'univers, et que l'assujettissement des matériaux fibrineux, albumineux, gélatineux et calcaires des organes aux puissances nerveuses, est la figuration de l'asservissement des éléments passifs du monde aux atomes actifs et impulseurs des sécrétismes astraux. Ce qui confirme cette grande vérité que l'homme n'est que le dernier terme de l'évolution des choses, comme le pétale d'une corolle est un des résultats extrêmes de l'élaboration de l'ensemble végétal, prouvé par les linéaments ramificateurs des nervures vasculo-globulineuses qui sillonnent son admirable tissu.

MÉDECINE.

La médecine philosophique est l'art de guérir d'après la connaissance des causes premières de l'organisme et de ses lois. Ces causes premières rattachent la vitalité matérielle de l'homme au *sécrétisme universel* par les liens qui enchaînent les constellations, les soleils et les planètes avec les embranchements minéraux, végétaux et animaux de notre globe, et ces derniers avec la classe, les genres et les espèces croissantes des mammifères, à la tête desquels s'élève l'homme. L'homme sera donc un *sécrétisme particulier*. Ce sécrétisme tant qu'il dure, cette lampe tant qu'elle brûle, entretient les fonctions. Une fois que le feu s'éteint, la mort arrive. Étudions donc le matériel et le spiritueux de cette organisation sécrétante, ce qui fait l'objet de l'anatomie physiologique, science nouvelle, basée sur la philosophie transcendentale, sur le plan immédiat de la nature générale qu'on ne s'est jamais figuré dans la chaine des progrès de l'esprit humain, et qui doit renverser l'anatomie cadavérique et seulement chirurgicale des régions, pour lui substituer la législation architecturale de notre économie plus propre au perfectionnement ultérieur de la médecine.

ANTHROPOTOMIE.

Le matériel de l'homme, comme toutes les individualités de la Nature, astres, planètes, minéraux, végétaux, animaux, se réduit à deux substances incréées, l'atome actif et l'atome passif. Ces atomes ont revêtu différentes formes : le premier, la matière nerveuse, seule facultative, seule motrice de la vitalité ; et le second, trois éléments immédiats tout à fait subordonnés : la fibrine, l'albumine et la gélatine qui, sous divers aspects, sont les gangues de la substance nerveuse. Ces quatre matériaux constituants de l'économie doivent eux-mêmes leur origine active et passive aux principes médiats des végétaux et des minéraux qui se rencontrent en diverses proportions dans les résidus chimiques de leurs tissus, comme des sels calcaires, des particules métalliques, du phosphore, du soufre, du carbone, les gaz oxygène, hydrogène, azote, etc. : nouvelle preuve de leur adhérence au système général.

Ces quatre matériaux forment la trame intrinsèque de l'homme, laquelle trame a pris dans son évolution originelle la même impulsion que les procréateurs de l'espèce, qui, eux-mêmes, furent moulés sur les tendances et dispositions primitives de leurs auteurs, c'est-à-dire sur la figuration de l'arbre ; de sorte que ces quatre principes constituants déroulèrent leur texture d'après cette forme philosophique. Commençons par donner l'esquisse linéaire et représentative du système qu'a revêtu la matière nerveuse.

Système nerveux. — Le système nerveux général se partage en deux : l'inférieur, organique, gris, nutritif, inconscient, ganglionnaire; et le supérieur, animal, blanc, de rapports, conscient, sensorial.

I. Le système nerveux inférieur se compose des parties grises du cerveau, du cervelet, du rachis et de ses doubles rameaux antérieurs qui forment de chaque côté trente et un filets descendants qui vont constituer les ganglions correspondants de la tête, du cou, de la poitrine, des lombes et du sacrum, lesquels fournissent un grand nombre de plexus secondaires et dépendants. Ces ganglions et plexus, par leurs rameaux déférents et leurs terminaisons les plus capillaires, les plus insensibles, s'épanouissent en réseaux anastomotiques, en lamelles, en feuilles végétales, pour constituer les rudiments nerveux des membranes muqueuses, musculaires, artérielles, veineuses, lymphatiques, séreuses, et les os de la vie nutritive; c'est-à-dire que leurs terminaisons en réseaux s'incrustent d'une couche de matière nerveuse grise (muqueuse, enveloppe générale interne), de fibrine, d'albumine et de gélatine, auxquelles elles donnent naissance pour continuer ainsi les degrés successifs de l'arborisme animal. De sorte que le système nerveux gris peut représenter cet aspect. (Figure 3 [1].)

Le sécrétisme préside à cet arborisme; c'est le mouvement constitutionnel à l'atome actif originel qui entre dans sa composition. Tant qu'il continue, le spiritus qu'il émane, rayonne dans toutes les parties soumises à ses dé-

---

[1] C'est un arbre dont les racines sont les nerfs et les plexus pulmo-cardiaques, dont la tige est le rachis gris muni de ses ganglions, et dont le branchage est l'ensemble des nerfs splanchniques et des plexus solaires, mésentériques, etc. : le tout terminé par l'enveloppe de la muqueuse générale.

pendances et les enivre de son expansion, ce qui les sature d'électricité nerveuse grise, les alimente, les entretient comme dans l'apoplexie. Une fois que ce mouvement est éteint, le rayonnement spiritueux est suspendu, et les molécules de sa sphère tendent à se livrer à l'élasticité physique, à la dissolution, à l'expansion grise ou à l'attraction terrestre. Alors cette étude tient à une science morte et exceptionnelle, et non plus à une organisation vivante et entière.

La vitalité du système nerveux inférieur provient donc du sécrétisme; c'est lui qui, par les lois conditionnelles de son essence, a déterminé sa forme arborescente, comme le sécrétisme universel a fixé celle de la Nature. C'est ainsi que les racines représentent la force attractive; le tronc, la sécrétion distillatrice; et le branchage, l'expansion. Cet arbre, en raison du sécrétisme de ses atomes, possède donc des racines, toutes les parties constituées par les ganglions cervicaux, leurs plexus immédiats et leurs secondaires, par les nerfs et plexus cardiaques, coronaires et pulmonaires. Son tronc est la totalité du rachis, y compris la tête. Ses branches sont figurées par les nerfs splanchniques qui forment un épais feuillage ganglionnaire et plexueux, comprenant les solaires, sous-diaphragmatiques, caliaque, mésentériques supérieur, inférieur, et leurs plexus secondaires. De sorte que ce système nerveux gris, jouissant comme la nature entière d'un double mouvement intégrant et alternatif, la concentration et l'expansion : ce qui est prouvé par la périodicité des révolutions des astres, le flux et le reflux de la mer, etc., et dans l'homme, par les contractions du cerveau, des poumons, du cœur et des intestins; de sorte, dis-je, que ce système nerveux gris opère l'attraction par les racines supérieures, et l'expansion par les branches inférieures, tandis qu'elles produisent le contraire dans la réaction où les racines pulmonaires et cardiaques se livrent au rayonnement, et les branches solaires, cœliaques et mésentériques à la concentration. Ces lois sont extrêmement importantes, car elles sont les causes des mouvements toniques, de la sensibilité générale inconsciente, de la contractilité, et président à la respiration, à la circulation, à toutes les fonctions, ainsi qu'à la disposition originelle des systèmes artériel et veineux, comme nous le verrons à leur article.

II. Le système nerveux supérieur se compose des parties blanches des sens, du cerveau, du cervelet, du rachis et de ses doubles rameux postérieurs qui forment de chaque côté trente et un filets qui vont, en descendant, constituer tous les nerfs musculaires de la tête, du larynx, du cou, des bras, du tronc, des jambes et des testicules ou des ovaires. Lesquels nerfs, par leurs filets décroissants et leurs terminaisons les plus capillaires, les plus insensibles, s'épanouissent en rameaux anastomotiques, en lamelles, en feuilles végétales, pour constituer les rudiments nerveux des tissus cutané, musculaire, tendineux, aponévrotique, synovial, cartilagineux et osseux de la vie encéphalo-locomotrice; c'est-à-dire que leurs terminaisons en réseaux s'incrustent d'une couche de matière nerveuse blanche (derme, enveloppe générale externe), de fibrine, d'albumine et de gélatine, auxquelles elles donnent naissance pour continuer ainsi les degrés successifs de l'arborisme animal. De sorte que le système nerveux blanc peut représenter cet aspect. (Figure 4 [1].)

[1] C'est un arbre dont les racines sont les nerfs des quatre sens de l'odorat, du goût, de la vue et de l'ouïe, et les pneumo-gas-

On voit, par cette esquisse, que le tronc nerveux blanc fournit des branches primitives qui en engendrent de secondaires, lesquelles produisent des rameaux primitifs qui finissent aussi en secondaires, en tertiaires, etc., toujours en décroissant, et laissent échapper une foule de divisions terminales aboutissantes : 1° à la peau, 2° au système artériel, 3° au système veineux, 4° au système lymphatique, avec le concours desquels ils forment tous les organes locomoteurs, les muscles, les aponévroses, les tendons, les cartilages et les os de la vie animale, par leur involution, pelotonnement, incrustation, épanouissement, fibrification, etc. Mais ici nous bornons nos considérations à la constitution du derme, enveloppe générale qui comprend les régions de la tête, du cou, des bras, du dos, des lombes, du bassin, des jambes et du scrotum.

Le sécrétisme préside à cet arborisme; c'est le mouvement constitutionnel à la pulpe blanche encéphalique qui a toujours besoin d'être alimenté par le radical, le gris, le spino-ganglionnaire qui le nourrit et l'entretient comme l'huile une lampe, comme un arbre sa greffe. Tant que le sécrétisme de la pulpe sensoriale continue, le spiritus qu'il émane, rayonne dans toutes les parties soumises à ses dépendances, et les enivre de son expansion, les sature d'électricité nerveuse blanche qui les répare, les active, les turgidifie, les exalte, comme dans la veille,

triques rapporteurs des sensations internes; dont la tige est la partie blanche de la moëlle; dont les branches principales sont : 1° les plexus et les nerfs cervico-brachiaux, et 2° les plexus et nerfs lombo-sciatiques; dont le bouquet sommital est l'appareil générateur, et dont le feuillage terminal est l'enveloppe générale de la peau, siége du tact.

l'exercice et le plaisir. Une fois que ce mouvement est éteint, le rayonnement spiritueux est suspendu, les paralysies partielles, celles des rameaux, et la paralysie générale, celle de la pulpe focale annoncent l'envolement définitif du dernier souffle mental, de la dernière vapeur consciente; et les molécules de cette dépendance tendent à se livrer à l'élasticité physique, à la dissolution, à l'expansion gazeuse, ou à l'attraction terrestre. Alors cette étude, je le répète, tient à une science morte, exceptionnelle, et non plus à une organisation vivante et entière, comme celles qu'embrasse la nature; car les débris cadavériques n'appartiennent plus à l'homme, mais à l'unité planétaire qui les asservit par la pesanteur à son avidité centrale.

La vitalité du système supérieur nerveux blanc, disons-nous, tient donc à la permanence du sécrétisme; c'est lui qui, par les lois conditionnelles de son essence, l'attraction, la distillation et l'expansion, attachées à ses atomes actifs, a déterminé les racines sensuelles et brachiales, le tronc encéphalo-rachidien, et les branches formées par les rameaux nervoso-musculaires des cuisses et des jambes, ainsi que le bouquet terminal, testiculaire ou ovarien. De sorte que ce système nerveux blanc, jouissant comme la nature entière d'un double mouvement intégrant et alternatif, la concentration et l'expansion, opère l'une, non-seulement par les sens, mais encore par les racines brachio-manuelles (préhension), et produit l'autre par les contractions branchiales des jambes (frappement du sol pour marcher); tandis qu'elles effectuent le contraire dans l'antagonisme où les bras se raidissent et repoussent, et les jambes fléchissent et s'affaissent pour se reposer. Ces lois sont d'autant plus importantes qu'elles sont les causes des mouvements musculaires, qu'elles tiennent immédiatement à la sensibilité et à la réactivité du sensorium, qu'elles influencent indirectement la circulation, et ont présidé à la disposition originelle des systèmes artériels et veineux, comme nous le verrons plus tard.

Les deux systèmes nerveux blanc et gris, supérieur et inférieur, sont liés entre eux par les pneumo-gastriques, véritables racines sensoriales que la nature a si ingénieusement distribuées dans les ganglions et plexus primitifs, secondaires et tertiaires de la vie de nutrition, soit pour l'avertir des secousses externes qui compromettent son existence fondamentale, ce qui la fait réagir par les mouvements instinctifs et si tumultueux des passions; soit pour prévenir le sensorium lui-même des impressions internes qui enrayent les fonctions principes de sécrétisme et d'expansion: de sorte que les deux figures linéamentaires antérieures peuvent se réunir et former ainsi l'analyse du canevas nerveux de l'homme. (Figure 5[1].)

L'inspection seule de cette figure nous indique que les embranchements principaux et les masses de feuillage de ces deux systèmes blanc et gris, supérieur et inférieur, correspondent entre eux. Mais dans l'évolution primitive de l'animalité, l'expansion blanche, toujours passive de la concentration grise bien plus puissante, s'est courbée par le collet encéphalique, et s'est repliée, s'est

---

[1] Elle représente le déplissement des deux systèmes nerveux, supérieur et inférieur, greffés l'un sur l'autre, et tels qu'ils sont décrits précédemment avec les liens des pneumo-gastriques : la peau et la muqueuse forment comme deux demi-ellipses enveloppantes et en opposition.

adossée sur cette dernière ; de sorte que les deux troncs rachidiens n'ont plus formé qu'un arbre unique, où la pulpe blanche et grise confondues exercent toujours les facultés primitives attachées à leurs atomes actifs constitutionnels ; c'est-à-dire : 1° que le gris attire et rayonne par le double mouvement alternatif de ses plexus cardiaques et pulmonaires, tandis que ses plexus solaires et mésentériques rayonnent et attirent antagonistement ; et 2° que la pulpe blanche attire et repousse par les branches nerveuses brachiales et crurales, et repousse et fléchit par les jambes et les bras. Mais dans cette simplification progressive des tendances originelles et respectives des deux matières nerveuses, les extrémités de la grise ont toujours fini leur feuillage ramusculaire par la muqueuse gastro-pulmonaire, et les extrémités de la blanche par la peau ; de sorte que cette dernière a enveloppé l'autre pour la protéger contre les influences externes, au moyen de l'épiderme, espèce d'incrustation animo-minérale. Et cette peau et cette muqueuse ont pris leur forme et leurs rapports d'après les lois du sécrétisme et l'exercice des ramifications blanches et grises : de sorte que les bras et les jambes, travaillant davantage, se sont étendus comme nous les voyons ; tandis que la muqueuse générale, comprimée sans cesse par les mouvements de la locomotion et la fibrine musculaire interposée, s'est rapetissée de plus en plus sous leurs efforts, et a pris les formes glandulaire, membraneuse, canaliculée, etc., qu'elle offre aux viscères dont elle constitue la trame, à la pie-mère, à la poitrine, au canal digestif, aux conduits de l'air, de la vessie, etc. On sent donc que la forme générale d'un animal et celle de ses parties les moins importantes, tiennent aux lois primitives de l'attraction et de

l'expansion, et aux effets qu'elles produisent secondairement, comme la sensibilité, la contractilité, l'irritabilité;
le spasme, etc. (Figure 7 [1].)

Nota. L'encéphale, en même temps qu'il est le siége
des sécrétismes attachés à la substance blanche et à la
grise, contient aussi : 1° la pulpe mentale inhérente aux
parois frontales des ventricules supérieurs; 2° le spiritus
intellectueux, idéeux, imagineux sous-jacent, qui consiste en ondulosités, en globulosités électriques, mille
fois plus fines que les grumeaux du sperme refroidi; 3° le
flatus innévrilématique qui turgidifie dans l'état de veille
et de crispation sensoriale, et qui est le produit du sécrétisme blanc. Les autres organes cérébraux, tels que voûte
à trois piliers, pédoncules, tubercules quadrijumeaux,
glande pinéale, etc., ne sont que des adjuvants du mécanisme intellectueux et moteur, ou des renforts ganglionnaires de la vie de végétation.

Une fois le système nerveux bien déterminé selon le
plan analytique tracé par les vues primitives et si grandioses de la Nature, et comme ce système est la base, le
moteur et l'origine de tous les autres, l'artériel, le veineux et le lymphatique : nous allons passer successivement
à ceux qu'il engendre, en suivant toujours la gradation
inégarante des lois organisatrices du sécrétisme animal,
l'attraction, la distillation et l'expansion.

---

[1] C'est un replissement des deux systèmes nerveux remis dans
leurs rapports naturels, c'est-à-dire, 1° avec l'adossement et la
connexité des deux rachis, 2° avec la muqueuse interne rapetissée en viscères, et 3° avec le derme externe qui l'emprisonne
de toutes parts en dessinant les membres.

Système artériel. — Le système artériel semble avoir pris son origine des dernières terminaisons nerveuses des ganglions et plexus de la poitrine, et notamment des deux poumons. Nous avons vu le corps du rachis gris doué d'un double mouvement alternatif, l'expansion expiratoire et la concentration respiratoire. C'est le premier mouvement qui a disposé primitivement le cours de la fibrine coulante, en l'irradiant par la réaction des derniers filets nerveux pulmonaires dans des conduits appropriés à sa nature. Ces conduits furent l'arbre artériel. Cet arbre implante donc ses racines (veines pulmonaires, Hérophile, Cloquet), dans le réseau terminal des ganglions et plexus cervicaux et pulmonaires. Ces artères de nature veineuse, ce qui leur a fait donner le nom impropre de veines, puisqu'elles contiennent du sang artériel, doivent leur faible structure au manque d'impulsion que le sang rouge, en sortant du poumon, ne supporte pas pour entrer dans l'oreillette gauche, tandis que la veine pulmonaire (artère pulmonaire, Hérophile, Cloquet) a pris une structure artérielle par la secousse énergique que le ventricule droit imprime à ses fortes parois, action dont la continuité lui a fait partager la nature des vaisseaux rouges. Nous disons donc que les quatre artères pulmonaires, improprement dites veines, sont les racines implantées dans le réseau terminal des nerfs des poumons, qui vont, en augmentant de calibre, s'aboucher au collet de l'arbre artériel, l'oreillette gauche, laquelle oreillette s'abouche au ventricule, le ventricule à l'aorte, tronc général de ce nouvel arbre à sang rouge. Ce tronc est dans sa longueur intrinsèquement constitué par les derniers termes de la matière nerveuse grise, dont le mélange en diverses proportions avec la fibrine, l'albu-

mine et la gélatine, a déroulé les trois tuniques constituantes de sa structure; mais la membrane interne est
plus nerveuse, la moyenne plus fibrineuse, et la dernière
plus albumino-gélatineuse.

Le grand tronc aortique, comme les deux arbres nerveux blanc et gris, se remarque par quatre embranchements analogues aux leurs, c'est-à-dire qu'il en est un inférieur pour chaque masse de plexus cervicaux, pulmonaires et cardiaques de la vie de nutrition, en rapport avec
chaque plexus cervico-brachial de la locomotion; et un
autre supérieur pour chaque masse de ganglions et plexus
solaire et mésentériques de l'innervation grise, en rapport
avec la masse plexueuse lombo-sciatique de l'innervation
blanche: comme vous pouvez vous en convaincre par la
figure 7 [1].

Mais dans l'évolution des premières races animales, la
fibrine ou plutôt son système artériel, toujours l'esclave
des attractions et des impulsions nerveuses, s'est courbé
en deux par la crosse de l'aorte, et a formé, comme le
système nerveux général, deux arbres partiels, supérieur
et inférieur, dont le premier a vu son feuillage sollicité
par l'avidité encéphalique et pulmonaire, prendre sa direction ascendante vers ces foyers maîtrisateurs; tandis
que le second, attiré violemment par la concentration du
mouvement alternatif des plexus solaire et mésentériques,
a pris sa tendance d'après cet effort, et a disposé ses embranchements, je ne dirai pas sur les sympathies, mais

---

[1] C'est le développement de toutes les parties de l'arbre artériel, y compris les racines pulmonaires, le tronc aortique, les
branches principales et secondaires, les derniers ramuscules, et
même leurs deux pelotonnements viscéraux, la thyroïde et la rate.

bien sur les attractions secondaires des nerfs ganglionnaires et plexueux qui sont maintenant en rapport avec leurs ramifications correspondantes. De sorte que l'arbre artériel peut se représenter comme l'indique la figure 8 [1]; qui nous montre encore, que les embranchements supérieurs et inférieurs se sont partagés en deux pour satisfaire : 1° aux exigences respectives du plexus blanc cervico-brachial, et du plexus gris cervico-pulmonaire, et 2° aux appétences égoïstes du plexus blanc lombo-sciatique et du plexus gris solaire-mésentérique.

On sent donc que les sollicitations des centres encéphaliques blanc et gris, de leurs rachis, de leurs terminaisons supérieures, moyennes, inférieures, ont déterminé cette distribution des artères avec leurs nerfs et plexus correspondants, par une espèce de mariage contracté par l'entraînement passif de la fibrine avec l'amour avide du tissu nerveux dominateur. Mais ce mariage a diversement configuré toutes les parties qui en résultèrent, et cette configuration fut analogue à leurs fonctions ; car c'est toujours le sécrétisme et ses facultés contractiles d'attraction et d'expansion qui sont les modificateurs intimes et primitifs de toute forme et de toute disposition organique. Voilà comment les artériolules, en s'abouchant avec les derniers termes des nerfs gris, ont constitué: 1° l'arbre artériel lui-même et ses tuniques ; 2° toutes les muqueuses ; 3° toute la couche musculo-involontaire sous-jacente ; 4° la pie-mère qui est la matrice du cerveau ; 5° la thyroïde et la rate qui ne sont que leur pelotonnement à l'in-

---

[1] La figure 8 offre le plissement de l'arbre artériel par la crosse de l'aorte. On y voit les parties supérieures carotidiennes, sous-clavières et mammaires, et inférieures iliaques, hypogastriques et génitales pour les diverses attractions nerveuses relatives.

fini et des réservoirs sanguins pour des besoins intermittents; 6° tous les capillaires; 7° la partie rouge des poumons qui n'est que leur intrication vacuolaire ; et en s'unissant avec les derniers ramuscules blancs, les artériolules ont organisé 8° les sens, 9° le tissu réticulaire souscutané, et 10° toute la trame du système volontaire locomoteur. De sorte que chaque muscle est le feuillage fibrineux de son nerf correspondant, qui, en s'unissant par ses dernières divisions à celles des artériolules, s'est donné la faculté de les maîtriser sous l'ordre du sensorium, ce qui, par la fréquence des tiraillements, a déterminé la position et la forme de chaque muscle d'après son office fonctionnel. En conséquence, le mariage de la matière nerveuse et de la fibrine rouge peut finalement prendre l'aspect des figures 9 [1] et 10 [2], quadruple réunion de névrologie, d'artériologie, de splanchnologie et de myologie.

L'arbre artériel étant la terminaison encroûtée de fibrine du système nerveux gris, est électrisé par les vapeurs qui émanent contigûment du rayonnement sécréteur de son tronc et de ses ramuscules; de sorte que ses parties saturées jouissent aussi des propriétés attractives, distillatrices et répulsives du spiritus constitutionnel. C'est pourquoi le sang, impulsé par l'expansion réactive des derniers filets nerveux pulmonaires, est chassé dans le

[1] Figure 9. C'est le déplissement des systèmes nerveux et artériels réunis, avec les viscères qu'ils concourent à former.

[2] Figure 10. C'est le replissement des deux systèmes nerveux et artériel tels qu'ils se trouvent actuellement dans l'homme et tels que la nature a été forcée de les enchaîner pour les soumettre aux conditions externes de la vitalité.

feuillage des quatre artères veineuses auriculo-ganglion-
naires, et arrive à l'oreillette; celle-ci, en raison du flatus
qui la pénètre et qui rayonne sans cesse, éprouve sous la
colonne sanguine un refoulement proportionnel à sa saturation électrique; ce qui détermine une élasticité relative
(contractilité, spasme), laquelle élasticité, en réagissant
sur la compression du sang, le fait avancer progressivement dans le ventricule, celui-ci dans l'aorte, dans les
branches, rameaux, ramuscules, dont les parois irritables, c'est-à-dire rayonnantes, contribuent à la circulation dans le rapport de leur spiritualisation, de la force
répulsive de leur flatus, sous le stimulus du sang, sous
l'abord de ses molécules excitantes, comme dirait vaguement et métaphoriquement un *Brownien.* Ajoutons à
cette contractilité élastique, cause du charroi sanguin,
ajoutons l'attraction antagoniste des deux foyers principaux, appareil encéphalique, et nombreux ganglions et
plexus de l'abdomen, puis les petites attractions secondaires et partielles des sens, des bras, des jambes, des
testicules et ovaires, des membranes muqueuses, des viscères, des derniers termes nerveux, vous aurez l'idée exacte
de la cause qui a primitivement disposé toutes les ramifications artério-fibrineuses. Et ces ramifications des artériolules, en se perdant dans les tissus des organes, les alimentent, les vivifient, les spiritualisent, les animent,
les sensibilifient, les électrisent, les rendent contractiles
(termes synonymiques), en les enivrant d'oxygène et de
l'émanation nervoso-pulmonaire, ce qui forme un *pneuma,*
dont l'assimilation fait rayonner, et dont le rayonnement
produit les forces vitales, la sensibilité, la contractilité,
les mouvements toniques, le spasme, l'irritabilité, en un
mot, les propriétés spécifiques de toutes les parties de cet

4 *

arborisme. On sent donc que tout ce qui est actif et facultatif dans l'organisation , dérive originellement des causes premières du sécrétisme et de sa vapeur aveuglément élastique.

Le système musculaire, formé par les derniers ramuscules des artériolules et des filets nerveux, reçoit aussi les décharges électriques de l'arbre blanc sensorial. C'est-à-dire que lorsque la pulpe suprême se crispe sous une impression onduleuse quelconque, le flatus ventriculaire turgidifiant est dérivé par cette crispation, et refoulé par le calamus et les tuyaux imperceptibles du rachis aux diverses hauteurs de l'arbre locomotif, et notamment aux rameaux propres à la dérivation intentionnée. C'est pourquoi le tissu d'un muscle, déjà composé fibrino-nerveusement, est si irritable, et réagit plus que la couche involontaire des viscères contre les agents chimiques de l'expérimentateur. Haller a été séduit par cette réactivité si patente, et commit l'absolutisme indiscret d'attribuer exclusivement l'irritabilité à la fibre musculaire, tandis qu'elle n'est qu'un des modes particuliers sous lesquels se développe la contractilité générale du spiritus nerveux, contre tout refoulateur externe ou interne de son rayonnement.

SYSTÈME VEINEUX. — Nous avons vu les derniers ramuscules des nerfs engendrer par leur continuité, et en s'encroûtant de fibrine, les premières artériolules pulmonaires, les racines de l'arbre aortique. Eh bien ! ce sont les dernières terminaisons artérielles qui, en formant un réseau final anastomotique et capillaire, soit supérieur sous-cutané, soit inférieur sous-muqueux et viscéral, ont produit, par leur continuité, l'origine de toutes les veines ;

mais ces veines ont aussi, comme le reste de l'économie, pour ciment organisateur, les filaments nerveux, plus ténus et plus décroissants que ceux des artères. Les veines tirent donc leurs racines : 1° de la peau, et 2° des muqueuses et des viscères. Ces racines, débutant par un chevelu à divisions innombrables (système capillaire veineux), s'abouchent à des ramuscules, et ces ramuscules à des rameaux de moins en moins nombreux, mais d'un calibre supérieur ; ces rameaux convergent à des branches plus fortes, et ainsi de suite : ce qui forme progressivement deux pivots considérables, qui s'abouchent au collet droit auriculaire, l'oreillette au ventricule, le ventricule à la veine artérieuse, improprement appelée artère pulmonaire, puisqu'elle contient du sang noir, mais qui est le tronc de l'arbre veineux ; lequel tronc donne naissance à deux branches pour chaque poumon ; lesquelles branches produisent un grand nombre de rameaux, les rameaux une infinité de ramuscules, et les ramuscules un feuillage capillaire très-rapproché et constitutif des organes respiratoires, par leur combinaison vacuolaire avec les racines artérielles et les terminaisons ganglionno-plexueuses. De sorte que l'arbre veineux, représenté par la figure 11 [1], est comme ces plantes peu animées qui ont des racines pivotantes très-profondes et très-considérables, comparativement à la tige et aux rameaux que la pauvreté des esprits, et par conséquent de l'expansion, a peu développés dans un terrain ingrat. Le terrain des veines, étant la terminaison désoxygénée des artères, la comparaison est exacte.

---

[1] La figure 11 offre le développement de l'arbre veineux avec ses radicules, dont quelques-unes sont interceptées par le renflement du foie, avec ses racines caves, son tronc cardiaque, sa tige, veine pulmonaire, et son feuillage, capillaires pulmonaires.

Cet arbre veineux prend sa direction de la circonférence vers le centre, et des extrémités muqueuses et cutanées, ainsi que l'indiquent le cours du sang, et la connexité du ventricule droit avec la veine artérieuse pulmonaire. Constitué par deux tuniques nervoso-fibrino-séreuses, il jouit d'un spasme, d'une irritabilité, d'une contractilité proportionnelle aux imperceptibles linéaments nerveux qui entrent dans sa structure ; c'est-à-dire d'une expansion bornée, d'un rayonnement médiocre, cause de la lenteur du sang, sous la faible tonicité des parois membraneuses : ce qui indique une grande passivité, et fait comprendre la formation des valvules favorisantes sous le poids d'un fluide non impulsé. Aussi l'arbre veineux, dans son flottage primitif, a-t-il vu son feuillage se courber sous la maîtrisation de l'attraction plexueuse des poumons, et enchaîné par leurs terminaisons nerveuses. Cet enchaînement a donc déterminé sa position dans l'économie et son adossement ramusculo-final, et ensuite troncal et cardiaque à l'arbre artériel qui lui donne naissance. C'est pourquoi, tandis que l'expansion nerveuse de l'expiration rayonne le sang rouge, l'attraction nerveuse de la respiration concentre le sang noir qui, dans l'instantanéité médiane de leur alternative, s'enivre de l'oxygène spiritualisé, du feu-nerveux gris pulmo-rachidien.

Cette communauté de disposition vasculaire a fait aussi entrer les ramifications veineuses dans la structure des organes où pénètrent les artériolules. C'est ainsi que les veines concourent à former inférieurement : 1° la muqueuse générale et son système capillaire, 2° le foie, 3° la couche musculo-involontaire, 4° les viscères, et supérieurement, 5° le derme et son réseau, 6° son système capillaire, 7° les sens, 8° les muscles volontaires, dont la crispation contribue au charroi du sang noir comprimé, etc.

Conformément aux artères, les veines prennent naissance par deux doubles racines, caves supérieure et inférieure, qui proviennent en bas des deux iliaques, et en haut des jugulaires et sous-clavières, tandis qu'elles finissent par une seule branche ventriculo-pulmonaire, veine artérieuse : frappante analogie avec l'arbre artériel qui commence par deux doubles racines pulmo-auriculaires, artères-veineuses, tandis qu'il finit par l'unité du tronc aortique. Ce sont des preuves physiques et rationnelles que l'ordre architectural de l'homme, tel que nous l'admettons, est bien celui de la Nature.

Quant à l'anatomie physiologique du système de la veine-porte et du foie, inconnue jusqu'à présent, elle s'explique avec autant de facilité que celle de la rate. Les ramifications spléniques et mésentériques qui s'abouchent à leur tronc, forment le foie par leurs dernières divisions et leur pelotonnement, et communiquent avec les hépatiques qui, elles-mêmes, s'abouchent à la veine cave inférieure. De sorte que cet ensemble constitue une grande racine interrompue par un renflement viscéral. Ce renflement (foie) est l'organe dépurateur des immondices excrémentitielles du sang noir, et le dérivateur de son superflu qu'il s'assimile en partie pour organiser sa masse et l'entretenir, et dont il change le reste en bile pour en débarrasser l'économie. C'est ainsi que dans les inflammations abdominales, où il y a une grande décomposition, le produit d'une faim et d'une nutrition toujours exaltées, le prétendu système de la veine-porte s'engorge, ce qui veut dire que l'économie générale étant surchargée de matériaux, la désassimilation les entraîne par le sang noir qui, tendant à son cloaque naturel, le remplit et s'y vide par sa transformation en bile, à l'aide du sang artériel et du plexus hépatique. Aussi presque toujours dans les congestions gastro-intestinales, la bouche est amère et saburrale : ce qui indique une plénitude du foie; ou bien elle éprouve un goût de sang : alors c'est un embarras de la rate; mais si elle est mucoso-pâteuse : bien souvent c'est une obstruction du pancréas, car ces organes sont les dérivateurs et les dépurateurs du sang noir, du sang rouge et de la lymphe.

Nota. Les reins, la vessie, et l'utérus ne fournissant aucune veine au système de la veine-porte, prouvent qu'ils appartiennent à des appareils supérieurs, comme nous le verrons.

Le mariage de l'arbre veineux avec l'artériel et le nerveux peut se représenter par la figure 12[1], où l'on voit que les différents organes sont produits par l'incrustation, le pelotonnement, l'intrication, l'épanouissement physiologiques des ramuscules nerveux, artériels et veineux. Ce qui indique que la splanchnologie n'est que le produit des terminaisons et des dispositions diverses des quatre matières constituantes de l'organisme : substance nerveuse, fibrine, albumine et gélatine. C'est ainsi que le tableau des nerfs ne nous a montré que les sens, l'encéphale, le rachis, les testicules, la peau et les linéaments primitifs des autres viscères; que la représentation du système artériel a nécessité l'apparition successive des

---

1 C'est le déplissement des nerfs, des artères et des veines réunis, avec les viscères qu'ils concourent à former inférieurement et les muscles supérieurement.

poumons, du cœur gauche, inférieurement des membranes muqueuses ethmoïdale, palatine, gastro - intestinale, bronchiale, vésicale, utérine, etc., de la thyroïde et de la rate, et supérieurement de la pie-mère, du feuillage musculaire locomoteur, et du système capillaire général, où se terminent ou naissent les nerfs et les artères constitutifs. Le système veineux, à son tour, a forcé par sa figuration d'ajouter 1° le cœur droit, 2° le foie, analogues au cœur gauche, à la thyroïde et à la rate, quant à la destination et aux offices; enfin, 3° le complément des muqueuses, des sens, des muscles, des capillaires, des réseaux sous-cutanés et sous-membraneux, et la peau elle-même que les veinules concourent à former conjointement avec les ramuscules artériels et nerveux. Alors pourquoi donc multiplier les tissus comme Bichat, pourquoi donc faire des classifications sans fondement, et séparer dans la compréhension et l'explication élémentaire de l'organisme la névrologie, l'artériologie, la phlébologie, de la myologie, de la splanchnologie, je dirai même de la lymphaticologie, de la syndesmologie et de l'ostéologie qui se confondent et s'intriquent pour constituer l'animalité. Ces abstractions ne sont-elles pas des demi-vues systématiques qui suspendent l'essor de la médecine, paralysent les grandes idées, et empêchent tout progrès.

SYSTÈME LYMPHATIQUE. — Le système lymphatique comprend à la rigueur tous les organes blancs qui, n'étant composés que faiblement par les divisions extrêmes des nerfs, des artères et des veines, doivent surtout la masse de leur consistance et de leur structure à l'albumine et à la gélatine. De sorte que cette définition embrasse à la fois, surtout pour l'albumine, les vaisseaux chylifères, les absorbants et les exhalants, les lymphatiques purs et leurs ganglions, les glandes salivaires, pancréatiques, etc., les membranes séreuses et fibro-séreuses; et surtout pour la gélatine, le tissu cellulaire, les aponévroses, les tendons, les ligaments, les cartilages, le périoste et les os. Développons donc ces idées.

Nous avons vu les systèmes artériel et veineux former chacun un arbre respectif doué de racines et de feuillage. Comme ils servent surtout à la composition, et qu'ils sont entretenus journellement par une alimentation plénifiante, leur arbre est unique. Mais il n'en est pas de même du système blanc. Destiné à rejeter toutes les immondices de la nutrition, il a été obligé de se développer considérablement, d'étendre ses surfaces, de multiplier ses canaux pour l'exhalation et les excrétions, et de se former de nombreux organes que j'appelle *d'assimilation absolue*, c'est-à-dire de composition architecturale, comme l'appui squelettique des os qui ne se décomposent finalement et en totalité qu'à la mort, entretenant et grossissant de plus en plus leur compacité permanente avec les fluides blancs qui les consolident pour l'édification unitaire de l'existence animale. C'est pourquoi le système lymphatique, qui doit contenir à lui seul ce que les trois autres arbres renferment ensemble, s'est déroulé en deux : le premier fut composé des ganglions et des vaisseaux; et le second de l'ensemble des tendons, des cartilages et des os.

L'arbre blanc vasculaire prend naissance dans le système capillaire artériel sous-cutané et musculaire de la vie de relation, et sous-muqueux musculaire et viscéral de la vie ganglionnaire. Il débute par des racines qui y forment les absorbants cutanés et muqueux, et se continue en ramuscules anastomosés à l'infini, qui, appelés comme les veines par la concentration pulmo-cardiaque, convergent tous à l'intérieur du corps, supérieurement par la peau et les muscles des organes génitaux, des jambes, des bras, du cou et de la tête, et inférieurement par les muqueuses, la couche musculaire adjacente et les vaisseaux correspondants, pour aller se rendre par deux pivots généraux, canal thoracique et grande veine lymphatique droite dans le système sanguin aux veines sous-clavières. Mais cette confusion avec les deux arbres artériel et veineux, n'est qu'accidentelle et conséquente de sa débilité constitutionnelle; car, composé par deux tuniques blanches renfermant peu de nerfs, et par conséquent peu électrisé (ce qui a nécessité comme dans les veines des valvules aidantes), l'arbre lymphatique a vu ses deux grandes racines, canal thoracique et grande lymphatique droite, primordialement envahies par les arbres artériel et veineux qui, par leur stimulus permanent, se sont approprié les tuniques de son tronc pour en former le péricarde et la deuxième membrane blanche artérielle, qui trahit son origine par sa gélatine constituante et sa tendance à s'ossifier avec l'âge, comme les cartilages et les tendons. De sorte que l'arbre lymphatique blanc a perdu son tronc au profit de l'artériel qui s'est habillé avec son enveloppe. L'adhérence si fréquente de la plèvre avec les poumons est en petit ce que ce phénomène dans l'origine fut en grand. Mais les racines lymphatiques, quoique leur tronc soit confondu avec l'arbre artériel, se sont néanmoins créé à des hauteurs diverses des ramifications de décharge et d'élimination. C'est ainsi : 1° qu'elles ont développé les bronches et leur canal trachéo-laryngé, dont le tissu blanc montre avec évidence que sa nature appartient à leur système; 2° l'arbre lymphatique a aussi déroulé, par les vaisseaux envahissants artériels et veineux, l'appareil débarrassant réno-uretéro-vésico-urétral dont la structure sous-muqueuse est due à la substance albumino-gélatineuse. De sorte que, tandis que les bronches exhalent la lymphe à l'état de vapeur, les reins et la vessie la rejettent à l'état liquide; 3° le canal hépatique doit aussi sa constitution à la substance lymphatique, ainsi que les autres conduits de même aspect et de même tissu. Mais en 4e lieu, l'arbre blanc, en s'élevant dans son mélange avec l'arbre artériel, est revenu dans le système capillaire de la peau et des muqueuses, et y a développé leurs excréteurs respectifs, agents de la transpiration insensible et de la perspiration intestinale. De là, répandant son fluide et sa vapeur dans les faisceaux et la couche musculaires supéro-volontaires du derme, il a, avec le concours des émanations nerveuses et des derniers linéaments terminaux des nerfs, des artères et des veines, il a, dis-je, organisé le feuillage cellulaire, de même que les artères ont organisé le tissu locomoteur; lequel feuillage cellulaire a enveloppé les muscles dans leur totalité, dans leurs parties, et même dans leurs moindres fibres, et y a déroulé, en les enchaînant diversement, les aponévroses, les gaînes tendineuses et fibreuses, les tendons, les ligaments, les capsules synoviales, les périchondres, les cartilages, les fibro-cartilages, le périoste et les os. Tandis qu'à la couche sous-muqueuse il a développé: 1° les membranes fibreuses comme la dure-mère, la sclérotique, l'albuginée, les membranes propres des reins, de la rate, des corps caverneux, etc., et 2° les séreuses qui dans l'origine étaient continues, mais dans la suite, par l'effet du stimulus des trois cavités splanchniques et de la petite excitation testiculaire, leurs parties se sont éloignées, et ont constitué des poches sans ouverture, telles que le présentent l'arachnoïde, la plèvre, le péritoine et la tunique vaginale qui ne sont que du tissu cellulaire intriqué avec des nerfs et des vaisseaux et épanoui en membranes. Outre les séreuses, le tissu cellulaire, toujours conjointement avec les terminaisons des arbres nerveux, artériel et veineux, a formé aussi le système des glandes qui s'est pelotonné çà et là le long des muqueuses, et s'est disposé en lacrymales, parotides, sous-maxillaires, sublinguales, pancréas, prostate, cryptes muqueux, etc. Et tous ces organes blancs mentionnés se sont enchaînés sous un ordre ramificatif par des faisceaux et des communications particulières de tissu celluleux, aux tendons, aux cartilages, au périoste et aux os de la vie involontaire qui, elle-même, s'est attachée à ceux de l'appareil locomoteur: de sorte que l'ensemble des os est aussi, comme les autres arbres, divisible en deux moitiés solides inférieure et supérieure: ce que démontre la figure 14 [1], tandis que la figure 13 [2] donne le symbole du mode d'évolution des racines et des terminaisons du tronc interrompu des lymphatiques.

[1] La figure 14 développe l'arbre osseux avec ses racines organiques, les côtes attachées au sternum; avec son tronc, le crâne et la face; avec sa tige, la colonne vertébrale; avec ses deux branches principales, les scapulaires et les iléons, les humérus et les fémurs; avec ses quatre branches secondaires, les cubitus et les radius, les tibias et les péronés; avec ses nodosités adhésives, les carpes et les tarses; avec ses rameaux, les métacarpes et les métatarses; enfin, avec ses ramuscules, les phalanges, les phalangines et les phalangettes des mains et des pieds.

[2] C'est la représentation du système lymphatique tel qu'il a été décrit précédemment.

On sent donc par cette analyse générale les rapports que toutes les parties de l'économie ont entre elles. C'est une intrication, un embranchement de forces et de structure toujours relatives dans leur disposition. Car les nerfs, occupant le centre, sont constitués par la plus grande quantité d'atomes actifs, dont le mouvement incrée et permanent entretient l'acte primordial que j'ai nommé *sécrétisme*, source d'attraction alimentaire, et d'expansion défensive. Le système des nerfs rayonne de toutes les parties du rachis, et va terminer ses filets : 1° dans l'arbre artériel le plus immédiat, 2° dans le veineux qui en renferme de moins nombreux et de plus décroissants, et 3° dans le lymphatique qui n'en contient que de plus ténus et de plus décroissants encore; ce qui a soumis ses vaisseaux à la concentration cardiaque et aortique, et ce qui ralentit leurs prétendues sensibilité et contractilité, ou en d'autres termes, ce qui proportionne leur activité et leur réactivité à la somme des atomes électriques qui pénètrent leur constitution. De sorte qu'on peut finalement se représenter l'économie animale sous les figures 15 et 16 [1], les symboles du plan analytique de l'homme que la mystérieuse Nature a voulu voiler à notre faible imagination, mais que l'induction, la persévérance et la sagacité du plus sévère rationalisme a su nous découvrir dans sa noble ambition du vrai et dans sa pénible recherche des causes premières. Avec ces données vous pouvez aisément résoudre tous les

---

[1] Les figures 15 et 16 montrent le déroulement général des organes qui s'enchaînent d'une manière continue par l'intrication et les rapports des quatre arbres constitutifs, nerveux, artériel, veineux et lymphatico-osseux, disposés comme on l'a dit, et formant une espèce de cercle alambicien, à peu près tel que la physiologie développera les fonctions.

problèmes de la zoologie philosophique ; car dans l'arbre immense qui la compose, et même depuis les premiers sécrétismes des zoophytes et des mollusques jusqu'aux derniers des mammifères les plus complets, on ne verra jamais qu'un mélange de matière nerveuse, de fibrine, d'albumine, de gélatine et de sels à des degrés divers, et se plaçant, se coordonnant, s'organisant autour d'un ou de plusieurs noyaux attractifs, distillateurs et rayonnants, triple moyen d'alimentation, d'entretien, et de locomotion, les trois conditions de l'animalité. De sorte que pour le naturaliste à esprit élevé, à vues profondes, des appendices nerveux plus ou moins longs dans les espèces, des bras et des jambes plus ou moins étendus, ne sont jamais que des indices de la substance facultative qui, selon ses atomes actifs centraux, ganglionnaires et sensoriaux, s'est configurée diversement pour remplir ses nombreux besoins sur les aspérités modificatrices des agents et des situations externes. Les nerfs, les muscles et les os des races ne sont donc que des moyens mécaniques propres à la satisfaction des instincts ; et s'ils correspondent dans les aériens, les aquatiques et les terrestres, regardez-les donc comme des conséquences du type nécessité par la Nature la plus originelle qui n'a pu se passer d'organes préhensifs pour contenter l'exigence de son attraction, de réceptacles focaux pour le travail de son sécrétisme, et de moyens évacuateurs et répulsifs pour exercer son expansion : puisque, je le répète, attraction, sécrétisme, expansion sont la triple caractérisation des atomes actifs de l'Univers, sculpteurs et maîtrisateurs suprêmes de la matière passive tout à fait automatique.

———

ANTHROPONOMIE.

Nous avons vu la composition matérielle de l'homme : quatre arbres, nerveux, artériel, veineux et lymphatico-osseux. Cette structure, en raison de ses atomes constitutionnels, est mue pendant la vie par leur activité essentielle ; tandis que la mort n'est que leur évaporation finale, leur dispersion définitive. L'activité des atomes, consistant dans l'attraction, le sécrétisme et la répulsion, apparaît à l'observateur sous les phénomènes secondaires de la tonicité, du spasme, de l'excitabilité, de la contractilité et de la sensibilité, dénominations abstraites de la spiritueuse élasticité des parties nerveuses qui en sont douées dans un rapport proportionnel aux atomes actifs saturateurs. Mais cette sensibilité est un mot prétentieux : la réaction des fibres ne provient pas d'elle, mais bien du refoulement du fluide ou du solide mécanique ou animal qui opprime le rayonnement électrique des substances expansives, comme lorsque le sang passe dans les vaisseaux blancs, comme lorsque la plèvre est affectée d'une lymphe rentrée et refroidie, comme lorsqu'un ingesta nuisible révolte l'estomac dont l'émanation nerveuse, concentrée trop violemment, repousse avec une énergique élasticité les molécules oppressives. L'élasticité physiologique et nerveuse est donc un phénomène animal matériel et non métaphysique et psychologique : voilà donc la cause du *mécanisme supérieur* qu'Hoffmann soupçonnait sans le pénétrer. Mais cette élasticité conséquente de l'expansion conditionnelle des atomes est de deux sortes : inconsciente comme dans le rachis gris et ses dépendances, et consciente ou mieux sensoriale dans la pulpe mentale qui, communiquant par le flatus innévrilématique à toutes les parties du rachis blanc, leur fait partager en quelque sorte ses impressions par l'action et la réaction qu'elle essuye ou qu'elle exerce dans leurs embranchements nerveux. Nous allons nous occuper d'abord de la vie inconsciente et de son élasticité, nous passerons ensuite à la vie sensoriale et aux effets divers de ses crispations motrices.

Le rachis gris est abreuvé, enivré, électrisé dans sa totalité par le feu-nerveux gris qui, distillé dans la substance grise de l'encéphale, de la moelle et de ses ramifications ganglionnaires et plexueuses, doue par sa présence, ces diverses parties de la faculté d'attirer, de sécréter et de rayonner, triple propriété qui donne aux artères, aux veines, aux lymphatiques et aux os de leurs dépendances une attraction, un sécrétisme et une expansion proportionnels à la somme des atomes actifs, c'est-à-dire à la quantité de matière nerveuse grise qui entre dans leur composition. C'est en raison de ces rapports d'activité constitutionnelle et de la passivité de la fibrine, de la gélatine et des sels inhérents à la trame, que les divers organes effectuent leurs fonctions; et c'est par les circonstances entourantes et les besoins qu'elles ont suscités, et qui ont tous leur source dans le mouvement essentiel aux foyers encéphalo-rachidiens, que les ramifications des quatre arbres mentionnés ont pris les formes membraneuses, cellulaires, viscérales, musculaires, osseuses, etc., qui nous ont apparu dans l'anthropotomie, afin d'établir une espèce de cercle alambicien et législatif, où les matériaux ingérés puissent subir une propriété dissolvante, être absorbés par la circulation pour aller aux diverses parties de la trame constituante, et notamment au cerveau, réparer et nourrir les centres distillateurs qui, en électrisant, innervant, élastifiant les rameaux, les rendent propres à renouveler les fonctions, à la fois organiques et animales. Nous allons procéder à la physiologie par le même ordre sécrétique.

Le vide central encéphalo-rachidien, faisant sentir par la faim et la soif son état d'épuisement aux ramifications membraneuses de l'estomac, fait aussi rayonner le flatus ganglionnaire à la pulpe sensoriale qui, réagissant sur son spiritus innévrilématique, remue les sens, les bras et les jambes, leur fait chercher et trouver des aliments qu'ils prennent et introduisent dans la bouche pour opérer la mastication avec tous les organes nécessaires à cette première fonction, ce qui produit un stimulus attractif des mucosités salivaires. Une fois mastiqués, c'est-à-dire réduits à une mollesse propre à ne pas offenser le rayonnement contractile des muqueuses inférieures, le pharynx les fait descendre par la déglutition, acte qui consiste dans l'élasticité et la réactivité du flatus expansif de ses parois, qui, se soulevant contre des matériaux oppressifs, les fait glisser à l'aide de la pesanteur jusqu'au cardia dont l'anneau membraneux, électrisé par un feu-nerveux si susceptible, ne laisse passer que les ingesta dont le rayonnement est en rapport avec lui, et même inférieur quant à l'expansion matérielle, puisque toutes les molécules de la Nature attirent, sécrètent et repoussent.

Le stimulus des aliments, ou en d'autres termes, l'oppression qu'ils opèrent contre l'expansion permanente des membranes de l'estomac, les fait réagir, et concentrer le rayonnement énergique des ramuscules ganglionnaires correspondants, lesquels émanent de violentes bouffées de chaleur et d'électricité grise, dont la présence entraîne passivement du sang de la rate et des vaisseaux contigus, de la lymphe du pancréas, de la bile du foie, et des mucosités crypteuses, qui forment ensemble des sucs gastriques propres à ramollir davantage encore la pâte alimentaire qu'ils pénètrent, atténuent et liquéfient de manière à en former le chyme. Ce chyme, une fois bien imprégné de fluides animaux qui lui ont donné un rayonnement intrinsèque propre à sympathiser avec celui du pylore, le fait relâcher et se distendre en raison du grand vide attractif qui s'opère par le canal digestif, les chylifères, la respiration, la circulation, les plexus ganglionnaires, le rachis gris et la grande ventouse cérébrale, au moyen de leurs atomes actifs constituants. Alors le chyme agace légèrement par ses émanations les parois pyloriques, les fait réagir, pour être transporté dans le duodénum. Ce duodénum, irrité par sa présence, entraîne, par son stimulus, des éjaculations hépatico-biliaires et pancréatico-lymphatiques qui, mêlées à ses mucosités propres, le fluidifient de plus en plus, et permettent aux parois intestinales de le diviser en quelque sorte en deux parties, la première chyleuse, et la seconde, résidu destiné à l'excrémentation. Mais cette séparation, confiée jusqu'ici à des propriétés chimiques huileuses ou alcalines, est due : 1° à l'attraction du grand vide mentionné, qui rassemble les molécules alimentaires sympathiques, c'est-à-dire dont le rayonnement inoffensif est susceptible de l'ascensionner, et 2° à la précipitation des résidus destinés à la défécation qui sont repoussés par les parois duodénales dont l'expansion réagit contre leur rayonnement trop constricteur.

5 *

Cette séparation du chyme et du chyle continue et s'achève de plus en plus, en descendant vers le jéjunum et l'iléon qui se crispent sous leur contact, et les font avancer, toujours à l'aide des humeurs folliculeuses et des mouvements péristaltiques, jusque dans le cœcum, le colon et le rectum. Mais en même temps que le chyle est pompé dans sa course par les vaisseaux lactés qui l'épuisent, les résidus excrémentitiels se condensent, se resserrent, se durcissent et parviennent au gros intestin où leur âcreté ou leur contact, communiquant au sphincter de l'anus, y agace des nerfs de relation, qui, en transportant par leur ondulation nerveuse, l'impression fécale au sensorium, le fait crisper lui et ses dépendances musculo-abdominales, par lesquelles il tente et effectue la défécation.

Le chyle, depuis le duodénum jusque bien après l'iléon, essuyant le grand vide circulatoire, respiratoire et encéphalo-rachidien, est avidement pompé par les absorbants qui, implantant leurs nombreuses racines tout le long des intestins, et surtout des grêles, happent par leurs spongioles béantes les molécules dont l'émanation électrique inhérente n'est pas plus forte que la leur, ce qui les crisperait et les fermerait; et les transportent, par les ganglions mésentériques et les nombreux vaisseaux lymphatiques de cette région, dans le grand canal thoracique qui, lui-même asservi jadis par l'entraînement du centre circulatoire auquel il s'abouche, les précipite, puissamment favorisé par la même attraction cardio-pulmonaire, dans le torrent sanguin, à la veine sous-clavière gauche qui, communiquant par la veine cave supérieure dans l'oreillette et le ventricule droit, en remplit ces cavités du cœur. Mais la membrane de celui-ci, condensée par un flatus constitutionnel si abondant, si rayonnant, si excentrique,

et oppressée violemment par l'abord du chyle mêlé au sang,
réagit avec une élasticité proportionnelle, et le lance par
la veine artérieuse et ses terminaisons dans les capillaires
pulmonaires, aidée encore par le vide respiratoire du rachis sans cesse alternant, comme nous l'avons dit, avec
l'insufflation expiratoire, l'autre mouvement expansif.

Mais dans les capillaires, le chyle noir est soumis au
contact de l'air atmosphérique, car le vide plexueux pulmo-rachidien, en même temps qu'il attire le sang veineux,
entraîne aussi des colonnes aériennes, lesquelles, venant
des bronches, sont en opposition de heurtement avec les
extrémités de la veine artérieuse; de sorte que le liquide
et l'air se pénètrent instantanément. Mais leur double présence sur les capillaires nerveux pulmonaires, les dernières
divisions si électriques des ganglions correspondants, leur
double présence, dis-je, les fait réagir par l'expansion,
deuxième mouvement inhérent au rachis; et le sang oxygéné, comprimé par les aréoles terminales de la veine artérieuse et des bronches, est forcé de prendre une espèce
de direction résultante, ce qui le fait entrer dans les capillaires, dans les ramuscules et les branches des quatre
artères veineuses qui s'abouchent au ventricule gauche.
Mais comme le sang noir transformé est vivement-enivré
des émanations plexueuses du rachis qui l'a saturé d'électricité par la bouffée de l'expiration; et comme c'est par
le canal des quatre artères veineuses que le vide de la
grande ventouse animale se fait sentir, l'introduction du
chyle hématosé dans ce nouvel ordre de vaisseaux est
doublement favorisée; c'est pourquoi les spongioles ar-
téro-veineuses pompent avidement ses molécules, dont le
rayonnement est à la hauteur de leur expansion flatueuse.
Une fois dans l'oreillette gauche, le chyle rouge passe

dans son ventricule, dont la réaction permanente a attiré, par son stimulus, un électron constitutionnel abondant; et cet électron rayonnant, ne pouvant supporter la concentration d'un liquide devenu aussi expansif que lui par le feu-nerveux et l'oxygène qu'il vient de s'assimiler, le refoule dans l'aorte, dans ses branches, ses rameaux, ses ramuscules et leurs capillaires respectifs, en produisant le phénomène du pouls, l'indicateur de son énergie décroissante avec l'âge. Le sang est donc transporté inférieurement par l'aorte descendante à la vie organique qui comprend les ganglions, les plexus, les nerfs, les artères, les veines, les lymphatiques et les organes qu'ils forment, les muqueuses, la couche musculaire sous-jacente, les séreuses sous-jacentes encore, les viscères, le tissu cellulaire, les cartilages, le périoste et les os correspondants; ce qui leur permet: 1° de sécréter leurs fluides respectifs comme les esprits, les mucus divers, la fibrine, l'albumine, la bile, les sucs blancs, la graisse, la gélatine, la synovie, la moelle, le phosphate, etc., et 2° de recommencer les opérations de la déglutition, de la digestion, chymification, chylification, excrémentation, absorption du chyle, respiration, hématose, circulation. Mais les branches aortiques qui transportent le sang supérieurement, je veux dire dans le domaine de relation, commencent par pénétrer la pie-mère, matrice du cerveau, et s'introduire même dans l'encéphale par les vertébrales et les extrémités carotidiennes. Ces artères se perdent à l'infini, s'épanouissent, s'éteignent dans les couches de la substance grise qui se saturent, s'enivrent en y puisant les molécules spiritueuses sympathiques, propres à entretenir le mouvement constitutionnel de leur sécrétisme. Lequel mouvement, une fois réparé, rayonne sa plénitude dans tous les compartiments de la substance blanche. Mais ici commencent les mystères de la vie animale : avant de les entreprendre, achevons ce qui est du domaine de la nutrition.

Le sang rouge, chassé par l'aorte et ses divisions, parvient donc à toutes les extrémités artérielles, et par conséquent, inférieurement aux capillaires muqueux, et supérieurement aux capillaires de la peau, et surtout au système musculaire locomoteur; car nous avons vu que la fibre des muscles était constituée par la terminaison et comme l'extinction d'une artériolule oblitérée, enchaînée par un filet nerveux analogue. Le sang artériel va donc abreuver les muqueuses, les viscères, les muscles et tous les autres organes; et réparer leurs dépenses par la nutrition ou l'assimilation. Cette fonction, ignorée jusqu'à présent, n'est que le résultat de l'abord du sang rouge et de ses parties composantes, par l'effet du vide électrique de chaque aréole organique qui, recevant une couche de fibrine oxygénée dans ses interstices, la conserve jusqu'à ce qu'une autre vienne la remplacer, et ainsi de suite, par une composition permanente qui n'a de terme que l'affaiblissement attractif des molécules constitutionnelles qui, elles-mêmes, repoussées par l'expansion plus énergique des molécules nouvelles, leur cèdent leur place par l'atrophie, ou plutôt l'envolement de leur spiritus. La désassimilation est donc l'effet rayonnant des particules aréolaires nouvellement hématosées qui repoussent les anciennes épuisées, et par conséquent inférieures à elles en émanation électrique. Les particules organiques se disgrègent donc en quelque sorte par la mort de leurs atomes actifs paralysés, éteints, envolés, dépensés, exhalés. Mais parmi ces molécules, les unes impropres à la vie, sont immédiatement absorbées par les lymphatiques pour être entièrement éliminées de l'économie ; tandis que les autres, pouvant encore servir, sont pompées par les capillaires veineux pour repasser par la circulation sanguine. Ce pompement du sang qui a perdu son oxygène et son électricité par la nutrition exploitante, s'effectue au moyen du vide pulmo-cardiaque du tronc droit auriculo-ventriculaire, des branches caves, de leurs rameaux, ramuscules, racines capillaires et spongioles, par lesquelles le fluide noir est happé comme les sucs de la terre par le chevelu d'un végétal échauffé. C'est pourquoi le sang favorisé encore par l'impulsion excentrique et *à tergo* des artères, par le rayonnement contractile des membranes veineuses, et par la suspension si opportune de leurs valvules, parvient d'embranchements en embranchements aux veines caves, à l'oreillette et aux ventricules correspondants, à la veine artérieuse et aux poumons où il s'oxygène et s'électrise par l'expansion expiratoire et dépensière du rachis gris, de ses ganglions et plexus aboutissants ; et redevenu rouge, il recommence le cercle artériel et les fonctions nourricières et réparatrices. De retour aux extrémités capillaires de l'aorte, le sang tout à fait désoxygéné et déspiritualisé, mais susceptible encore de fournir des matériaux utiles à l'économie, reprend, comme nous l'avons dit, le cours centripète des veines, tandis que les fluides impropres à toute composition, sont les uns rejetés par le foie à l'état de bile, et les autres saisis à l'état de lymphe par les racines lymphatiques de toutes les parties du corps ; et cette lymphe, de communications en communications, parvient avec lenteur, en raison du peu de feu-nerveux constitutionnel aux parois vasculaires, parvient, dis-je, au canal thoracique et à la grande veine lymphatique droite, où, sollicitée par le vide pulmo-cardiaque, elle se décharge dans les sous-clavières, arrive avec le sang dans l'oreillette et le ventricule droits, dans la veine artérieuse et ses divisions, dans les capillaires et le tissu cellulaire des organes respiratoires, lesquels communiquent aux réseaux bronchiques qui en débarrassent une partie par l'exhalation pulmonaire, première fonction éliminatrice des sucs blancs inassimilables. Le reste de la lymphe introduit, avec le sang et le chyle rouges qu'elle délaye, dans l'arbre et les ramifications artériels, parvient avec eux à l'appareil rénal qui, s'en abreuvant, s'en gorgeant par la sympathie attractive de ses éléments lymphatico-électriques avec ceux de ce fluide, le distille dans les uretères dont le spasme rayonnant le fait glisser dans la vessie, où, constituant l'urine, ses effluves âcres et son contact oppressif influencent son sphincter spiritualisé par des nerfs de relation, et déterminent le sensorium à la chasser par ses crispations musculaires correspondantes.

L'autre partie de la lymphe qui n'a point subi l'exploitation des reins, arrive avec le sang rouge où elle est confondue dans le système des muqueuses, et en remplit le tissu cellulaire constituant et les glandes. Le tissu cellulaire, s'abouchant avec des excréteurs crypteux, la diminue encore par l'exhalation intestinale si utile à la digestion. Les glandes électrisées par des plexus plus ou moins nombreux qui leur donnent une force proportionnelle d'attraction, de sécrétisme et d'expansion, cause de la variété de leurs distillations respectives ; les glandes, dis-je, absorbent une certaine quantité de cette lymphe, et l'excrètent par leurs canaux divers, comme aux lacrymales, parotides, maxillaires, sublinguales, pancréas, prostate, follicules urétraux, etc.

L'aorte ascendante, charriant aussi de la lymphe, la

transporte, par ses derniers ramuscules, au tissu cellulaire attenant aux absorbants et aux excréteurs de la peau, qui s'en débarrasse par la transpiration insensible et la sueur, quand l'électricité contractile de ses vaisseaux blancs est trop développée. Mais la lymphe qui a ainsi plusieurs fois parcouru le cercle circulatoire et respiratoire, et résisté aux émonctoires des poumons, des reins, des intestins et du derme, ayant acquis, par ses divers contacts et leurs influences spiritualisantes, une force plastique ou viscosité plus ou moins fibrineuse, commence un nouveau trajet que j'appelle d'assimilation absolue, et qui prend son impulsion dans la double expansion ascendante et descendante de l'aorte; de sorte, qu'après avoir embryoniquement constitué les rudiments du tissu cellulaire général, des aponévroses, des tendons, des gaînes fibreuses, des ligaments, des capsules synoviales, des cartilages, des fibro-cartilages, du périoste et des os, elle les a développés petit à petit par la nutrition qui les grossit, les répare, les entretient tous les jours comme les autres organes, où, quels qu'ils soient, elle tire son principe de leur électrisation diverse, source d'attractions, de sécrétions et de contractions spéciales. Tandis que la décomposition, comme je l'ai déja mentionné, provient de la force des nouvelles molécules alimentaires absorbées, dont le rayonnement supérieur aux anciennes, les élimine en les déplaçant: ce qui produit le mouvement de concentration et d'évaporation attaché à la matière active et passive de toute espèce de vitalité, soit générale, soit seulement particulière.

Si tel est l'enchaînement des fonctions organiques qui tirent leur mobile et leurs caractères de la spiritualisation

primitive du nerf gris, la vie animale, quoique fort diffé-
rente dans ses actes, est cependant soumise dans toutes
ses parties aux influences de la nutrition et au mouvement
décompositeur. Constituée comme l'indique la figure 4,
et représentant une espèce de polype, de radiaire, expression métaphorique de Bordeu, elle est, orientalement parlant, une fleur secondaire entée sur une tige conservatrice
et alimentaire.

Le cerveau blanc, adhérent d'une part aux sens et de
l'autre à la moelle épinière, contient la pulpe sensoriale
qui tapisse les parois si sensibles des ventricules supérieurs. Par ses dépenses et la continuité de son jeu intellectueux, il est la grande ventouse du corps, comme di-
sait Hippocrate. C'est vers cette ventouse enflammée que
tous les aliments, le chyme, le chyle, le sang rouge et les
esprits tendent sans cesse par le prolongement de son vide
et l'intermède propagateur de l'estomac, des intestins,
des chylifères, des artères et de la pulpe grise corticale.
Recevant les bouffées nourricières de cette matrice bien-
faisante, la pulpe blanche de l'encéphale et du rachis se sature, s'enivre de ses rayons électriques qui, passant par ses
propres pores, sont transformés, par sa substance, en un
flatus blanc analogue à ce crible nouveau. Ce flatus blanc
turgidifie les sens, et parvient aux extrémités olfactives,
oculaires, acoustiques et glosso-pharyngiennes pour opérer les phénomènes dépendants de l'odorat, de la vue, de
l'ouïe et du goût. La pulpe mentale est suranimée, et
portée à une expansion d'instinct et de plénitude; l'esprit
imagineux, idéeux semble plus dilaté; et le cervelet, exécuteur secondaire des décisions mentales et des besoins
organiques, est turgidifié ainsi que le rachis et ses ramifications musculo-volontaires. Les testicules ou les ovaires ter-

minaux sont également saturés et fermentent. La peau même est activée, et recevant le nuage sensibilifiant du flatus blanc, est plus propre à opérer le tact attaché à la totalité de son feuillage, l'enveloppe externe de l'économie, tandis que les muqueuses n'en sont que le tégument protecteur interne. Mais cet aperçu comprend tout ce qui a rapport aux sensations, à l'intelligence, aux mouvements et à la génération.

Les sensations tirent leur source dans le flatus blanc qui, turgidifiant l'encéphale, le rachis et tous les névrilèmes locomoteurs, rayonne orbiculairement dans toutes les directions, et par conséquent inférieurement par la grande racine pneumo-gastrique dans la vie organique : ce qui produit les sensations internes ; et supérieurement par les quatre racines animales proprement dites et la peau : ce qui produit les sensations externes.

Les sensations internes résultent donc du refoulement du flatus blanc de relation par l'expansion viscérale du flatus gris qui, sous une sollicitation instinctive et de fonction, se précipite élastiquement aux extrémités nerveuses animales, en y produisant une secousse, une impression avertissante pour le sensorium, dont la réaction musculo-volontaire satisfait immédiatement, c'est-à-dire le plus souvent sans réflexion et sans contrainte, par une impulsion continuée, les besoins de la faim, de la soif, de l'urination, de la défécation, du moucher, du cracher, de se soustraire à un air méphitique, de vomir des ingesta malfaisants, etc., tous attachés aux téguments muqueux, les sentinelles avancées du sécrétisme gris encéphalo-rachidien.

Les sensations externes proviennent du refoulement onduleux du flatus blanc qui, rayonnant par les nerfs sensitifs, est repoussé par l'expansion électrique plus puissante des objets du dehors dans le canal général de relation, qui comprend : 1° les cavités amygdaloïdes correspondantes à chaque sens et les portes internes de l'âme, de la pulpe mentale ; 2° les ventricules cérébraux supérieurs, son sanctuaire ; 3° le ventricule moyen ; 4° celui du cervelet ; 5° le calamus scriptorius ; 6° les deux tuyaux fistuleux rachidiens perceptibles chez l'enfant ; 7° tous les névrilèmes poreux et médullaires des rameaux musculaires, y compris les racines pneumo-gastriques ; 8° les deux filières pelotonneuses et fructiformes des testicules ou des ovaires, organes sommitaux générateurs. De sorte qu'en traversant ce canal spiritueux, les sensations externes secouent : 1° le sensorium, la lame consciente des parois ventriculaires ; 2° le système viscéral de la vie organique, et 3° les appareils locomoteur et reproducteur : ce qui produit toutes les sortes de mouvements, et diversifie les sentiments et les passions.

Lorsque la pulpe mentale est sensationnée, c'est-à-dire affectée par l'ondulation nerveuse d'un sens qu'un objet externe a refoulée sur elle, elle se contracte, elle se crispe ; ce qui entraîne immédiatement et contigûment ses dépendances rachidiennes et leurs divisions musculaires : de sorte qu'après une impression, il en résulte presque toujours, même sans que nous nous en apercevions, un mouvement quelconque d'instinct. Ce mouvement, véritable impulsion conséquente du sensorium intermédiaire et agité primitivement, est produit par la concentration du flatus blanc qui, sous la crispation ventriculo-supérieure, est refoulé dans les névrilèmes volontaires qu'il turgidifie (comme lorsque l'eau, pressée dans un long tuyau de cuir, le soulève en le gonflant), et se décharge et se dé-

rive comme une torpille dans les terminaisons musculaires électrisées. Parmi ces terminaisons, les unes sont
muettes, comme les muscles qui président aux attitudes,
aux marcher, courir, sauter, ramper, nager, etc.; et les
autres sont sonores et cause de la voix, dont les filets producteurs, implantés aux pieds de la moelle épinière, ne
sont comme les autres rameaux que des dérivateurs médullaires de l'action nerveuse aboutissants à un appareil
musical. Adaptez-en un analogue à nos mains ou à nos
pieds, en comprimant l'air, et le faisant sortir par l'em-
bouchure, il exhalera des sons. Mais il faut dire que l'in-
strument vocal est admirablement organisé, et que sa
composition minutieuse permet aux crispations sensoriales
de varier à l'infini ses modulations qui sont ou conven-
tionnelles et constitutives de la parole, ou capricieuses et
de plaisir et constitutives du chant.

Le flatus blanc, turgidificateur du grand canal de relation encéphalo-rachidien et ramusculo-innévrilématique,
lorsqu'il est impulsé par des sensations internes viscérales,
ou externes des agents circumfusa, produit donc les mouvements par l'impulsion intermédiaire de la pulpe mentale.
On conçoit donc que l'exercice, le travail et la fatigue
peuvent dépenser ce flatus sans cesse rayonnant dans les
organes, et bien plus rayonnant encore quand il est comprimé violemment, et chassé de l'économie par des contractions nervoso-musculaires répétées. C'est pourquoi le
sommeil et le repos sont nécessaires à sa réparation: ils
ne sont donc à des degrés divers que la privation de sensations, la nullité de crispations mentales et de dérivations motrices: ce qui produit un affaissement des lames
du cervelet, une détente du canal rachidien, des névrilèmes péri-médullaires et des faisceaux fibrineux, pendant

un temps propre à remédier aux dépenses animales, au moyen des esprits du sang qui, triés par les couches grises corticales, enivrent, saturent petit à petit l'appareil nervoso-général et le turgidifient, la cause déterminante du réveil, de son état alerte et de la tendance à recommencer les opérations habituelles d'une nouvelle journée.

Si, avec ces données préliminaires, nous passons aux actes intellectueux, comme nous avons vu dans nos prolégomènes que la pulpe mentale et ventriculaire est sensible par essence, nous comprendrons aisément que chaque sensation externe ou interne, par son ondulation refoulante, parvient à ce sensorium qui, en se crispant, l'englobe dans son embrassement, et la retient à demeure, pour en former, par l'accumulation de nouvelles, le spiritus que j'ai nommé imagineux, idéeux. Comme ses parties composantes sont de même nature que le flatus gris viscéral, ou que le flatus blanc des sens qui lui ont donné naissance, il est électrique comme eux, il est de la même nature nerveuse; et en s'agrandissant tous les jours, produit un stimulus permanent sous-mental qui agace, irrite et chatouille sans cesse la pulpe suprême dont l'action et la réaction sur lui, causes de mémoire, de jugement et d'intelligence, engendrent aussi, par la composition et la décomposition des ondulosités idéeuses, les rêveries ou les projets si divers de l'imagination. Et comme la pulpe mentale a été formée dans l'embryon et le fœtus par la quintessence d'une électricité grise et d'un sang produit par un certain ordre de viscères constitutifs immédiats de tel ou tel tempérament, cette pulpe sensoriale a grossi sa substance par le triage et l'assimilation continuels des mêmes matériaux qui lui ont donné conséquemment une trempe analogue; mais nous avons vu que la trempe du sensorium est le caractère qui est toujours conforme à l'énergie du tempérament, son fabricateur viscéral. Or, le sanguin, où les poumons et le cœur sont si fortement électrisés, imprime au chyle nourricier une hématose vigoureuse qui, saturant les ventricules supérieurs et leurs organes, sensorium et spiritus idéeux, les turgidifie sans cesse et produit ces images riantes, ces mouvements expansifs et cette énergie morale, susceptibles des élans de l'amour, du courage et de l'enthousiasme. Le tempérament bilieux où la concentration des plexus digestifs et hépatiques prédomine, produisant un stimulus inférieur si avide, attire à lui tous les sucs réparateurs, et imprègne le sang d'éléments noirs et amers qui, triés par la pulpe consciente, l'alimentent avec une électricité pénible à sécréter, rapide, violente, concentrative, comme les viscères fabricateurs; ce qui provoque les passions égoïstes et les emportements si tumultueux de son expansion, ou la méditation continuelle et les projets sinistres de ces atrabilaires échauffés, dont la constitution est dominée par une telle disposition tempéramentale. Les lymphatiques, au contraire, ayant possédé congénialement un sang aqueux et peu spiritualisé, ont acquis un sensorium bénin, calme, peu dépensier, et distillent leur feu-nerveux analogiquement comme une claire fontaine coule dans une prairie sans obstacle. Mais chez tous, sanguin, bilieux et lymphatique, la douleur et le plaisir proviennent d'une même source, des impressions de la pulpe mentale, consciente par nature, sensitive par éléments, puisque son essence est le produit floral de l'élaboration de la matière activo-passive de l'Univers, qui a passé depuis le noyau général des mondes jusqu'au cerveau de l'homme, par les sécrétismes successifs des constellations, des astres, du système planétaire, du globe terrestre, des agrégations minérales originelles, des organisations végétales, des foyers nerveux ganglionnaires et sensoriaux rudimentaires ou caractérisés des zoophytes, des mollusques, crustacées, annélides, insectes, poissons, reptiles, oiseaux, mammifères; et parmi ceux-ci, depuis les singes inférieurs jusqu'à l'homme, et depuis l'homme brut des bois jusqu'aux Papons, aux Cafres, à la race nègre, jusqu'à la malaise, la mongole et la caucasienne; et dans cette dernière, depuis le paysan le plus grossier jusqu'à l'homme de lettres le plus érudit et le plus inspiré.

La nature de la pulpe mentale est donc de sentir, c'est-à-dire de jouir et de souffrir. Ses qualités ou plutôt son état, comme celui de toutes les molécules simples et isolées, ou multiples et associées de l'Univers, est de sécréter, ce qu'elle opère par l'attraction et l'expansion. Pour elle, se dilater, s'épancher, émaner, rayonner, tous synonymes, c'est jouir; tandis que se concentrer, être refoulée, opprimée, resserrée, c'est souffrir : amour est donc expansion, et haine concentration. Toutes les autres passions dérivent de ces deux primordiales attachées immédiatement aux deux phases du sensorium. Or, que des impressions dilatantes affectent le sensorium, il s'épanouit et réagit aisément, avec plaisir, par l'exhalation entraînée d'expressions de contentement, d'estime, d'admiration, de protection, d'amitié, etc. Que des secousses externes comprimantes crispent sa lame nerveuse, soudain il se resserre sur son spiritus idéeux, il est mal à l'aise, il souffre : de là, les sentiments de peine, de mépris, de haine qui s'accompagnent toujours de mots ou de mouvements expressifs analogues, parce que toute sensation externe, en passant par le sensorium, traverse non-seulement tout le systèma blanc rachidien, mais encore tout le système gris organique, par les racines viscéro-animales des pneumo-gastriques. Mais comme les quatre mouvements mentionnés du rachis gris sont les fondements primitifs de l'innervation qui ne survit jamais à l'extinction : 1° de l'expansion cardio-pulmonaire de la respiration alternative avec la concentration ganglionno-plexueuse des intestins, et 2° de la concentration respiratoire alternative avec l'expansion solaire et mésentérique; il en résulte que toute impression externe ou interne qui entrave et compromet ces mouvements fondamentaux, entrave et compromet le sécrétisme inférieur, principe d'existence. C'est pourquoi les sensations, ou ondulations électriques, repoussées si diversement par les objets externes, se précipitent dans le même rapport par les racines animo-viscérales, dans les ramifications membraneuses des ganglions et des plexus gris qui, comprimés et suspendus dans les mouvements conditionnels du sécrétisme fondamental, réagissent avec plus ou moins de violence contre le flatus blanc qui les pénètre, et le refoulent impétueusement par une élasticité instinctive, par des décharges aveugles dans la vie animale par où il est entré; ce qui provoque les échappées de voix, les cris, les gestes, les attitudes, la fuite, la colère, l'irruption, la vengeance et tous les actes conséquents d'une telle agression d'électron. Comme toute maladie est une concentration anomale de feu-nerveux, nous verrons dans la pathologie que bien souvent elle se dérive et se résout par des décharges semblables. Par ces énoncés rapides, et sans recourir au vague et à l'ignorance des sympathies, on conçoit donc le mécanisme instinctif et toujours immédiat des mouvements, provoqués d'une part par l'entrée des sensations modifiées d'après le caractère sanguin, bilieux ou lymphatique de la pulpe mentale, et chassées par elle dans le domaine organique; et de l'autre part, par la sortie du flatus blanc nuisiblement impulsé, que les filets ganglionnaires et plexueux du foyer gris rachidien refoulent élastiquement et avec violence de leur sphère d'activité. C'est de là que dépendent toutes les actions machinales des hommes. Mais pour les senties, les réfléchies, celles qui résultent d'un calcul, d'une méditation, elles proviennent également du dehors et sont aussi refoulées au dedans. Mais avant d'en sortir elles sont digérées, passées, triées, sécrétées par la pulpe mentale et ses noyaux idéeux antérieurs, les projets; de sorte qu'après les avoir nerveusement jugées dans son intermédiaire, elle les dérive par les gestes, la voix, l'éloquence, les démarches, les intrigues, les embûches, le meurtre, etc., etc.; et toujours le plus souvent dans l'intérêt de l'innervation grise fondamentale qui, pendant le stimulus agaçant de la digestion sensoriale, a irradié des impulsions électriques avantageuses, plus ou moins déterminantes. Ces principes généraux, appliqués à tous les cas particuliers du moral de l'homme, peuvent résoudre le problème de toutes ses nuances. Dans une *récapitulation systématique*, l'on ne peut qu'ébaucher à grands traits; qu'architecturer un édifice que les spécialités détailleront, maçonneront, achèveront; leurs résultats heureux prouveront la solidité et le rationalisme de ma doctrine.

Comme tout s'enchaîne dans l'organisme, ainsi que dans la nature, il est facile de concevoir que tel tempérament, c'est-à-dire tel mode de sécrétisme inférieur, gris, fondamental, produira un certain système, une certaine constellation de viscères, qui, dans leur ensemble, prendront telle ou telle forme dépendante de leur grosseur respective. Les effets de leurs sécrétismes particuliers, ou plutôt les fluides qu'ils distillent, allant avec leurs esprits se déposer dans le réservoir commun, le sang; et ce sang étant trié par l'encéphale et sa pulpe consciente qu'il a congénialement formée de ses éléments électriques constitutifs; le rachis blanc et ses dépendances antérieures, sensuelles et postérieures, vocales et locomotrices, ont pris, comme le système viscéral, des formes résultantes de leurs forces intrinsèques. Or, comme ces forces sont différentes chez le sanguin, le bilieux et le lymphatique, leurs formes respectives varieront et prendront une attitude, un extérieur conséquents. C'est pourquoi la physionomie et l'habitude sont toujours en rapport avec tel ou tel mode de sécrétisme qui se révèle par la pose, les gestes, telle inflexion de voix, telle démarche. C'est de là que Lavater induisit que les formes peuvent trahir le caractère. Mais elles découvriront encore à l'observateur, partisan de mes novations, la valeur de telle vitalité, de tel sécrétisme gris fondamental: idée puissante et à grandes vues pathologiques, puisqu'elle peut faire apprécier le reste d'huile électrique qui peut subsister encore, pendant les affections soit aiguës, soit chroniques, dans le lampadisme sécréteur de la vie, susceptible d'être mesuré, non-seulement par les fonctions internes et externes, mais encore par la position des membres, la fermeté des chairs, l'altération des traits, et surtout la puissance du regard par où la pulpe mentale, modifiée par tel ou tel spiritus imagineux, et impulsée par tel ou tel flatus gris, rayonne immédiatement le flatus blanc qui la turgidifie, et dont l'émanation dans l'état de santé est susceptible de turgidifier aussi les autres, en soulevant leur sensorium par l'effet inévitable de son énergie. C'est ce rayonnement oculaire, non-

seulement des hommes de génie qui éblouissent les regards plats et sans expression des hommes nuls, mais encore de tout individu plus expansif qu'un autre, qui produit les antipathies sociales instantanées ou lentes, en
concentrant, en refoulant les émanations mentales du sécrétisme plus faible, d'où résulte chez ce dernier une
oppression, source de peine, d'envie, de jalousie, de
haine, etc., et chez les autres plus excentriques, une expansion diverse, cause de satisfaction, d'amitié, de protection, de pitié ou d'indifférence, de suffisance, de mépris, d'orgueil, que les sots et les inférieurs ne manquent
jamais de leur attribuer par réaction soit instinctive, soit
méritée : d'autant plus que toute supériorité sensoriale
apparaît aussi par les gestes, le maintien, et une habitude
plus ou moins imposante qui, quoique inétudiée et
naturelle, par son effet rayonnant, est propre à confir-
mer les jugements défensifs des simples. Il n'est pas même
jusqu'aux protubérances de la tête, le sujet mal expliqué
de la phrénologie, qui ne puissent faire estimer un homme.
Car si c'est par la crispation primitive du cerveau, au
moyen des nerfs moteurs, que les faisceaux fibrineux prennent telle ou telle conformation musculaire capable de
trahir le comédien, le boulanger, le danseur, ce cerveau,
en se crispant diversement, ne le peut faire sans soulever le
crâne enveloppant, si longtemps susceptible de flexion. Or,
c'est l'habitude des mêmes crispations qui, en le bombant
de la même manière, y détermine les bosses frontales chez
ceux qui exercent beaucoup la pulpe mentale; les bosses
occipitales chez les sujets adonnés aux appétits matériels,
et qui répriment peu les instigations violentes de leurs
viscères; les bosses pariétales chez les bilieux, les égoïstes,
les mélancoliques, etc. De sorte que la phrénologie, la

physiognomonie, l'induction des attitudes, la keiroscopie, la conformation respective des muscles doivent découler d'une même source, de la considération du jeu sensorial, le pivot unique sur lequel tournent toutes ces sciences accessoires, et jusqu'à présent imaginaires, je veux dire sans bases solides.

Si tout dérive primordialement des sécrétismes gris et blanc, à plus forte raison le bouquet terminal qui leur est attaché, en dépend-il immédiatement. En effet, constitués par le pelotonnement glanduliforme de deux filets blancs rachidiens, les testicules et les ovaires soutirent dans leurs filières la médulle épinière formée par le triage de tous les foyers viscéraux inférieurs à leur disposition sommitale dans l'économie. Aussi le sperme qu'ils travaillent se ressent-il de la nature multiple de l'ensemble de tous les organes fabricateurs : ce qui donne à leurs produits postérieurs embryoniques et fœtaux le tempérament et le caractère de leurs auteurs. Quand donc cette semence nerveuse, distillée en dernier lieu par les parties internes du rachis blanc, s'est suffisamment saturée d'esprits, et s'est condensée, elle pléthorise la moelle dorsale, parvient par l'expansion sollicitée du flatus sensorial dans la filière ovarienne et testiculaire qu'elle turgidifie et érectionne par son impulsion amoureusement irritative. Alors leurs dépendances glandaire et clitoridienne, échauffées comme par un nuage enivrant, se cherchent et s'approchent, et par leurs mouvements inspirateurs de la volupté et le pompement qu'ils provoquent, attirent cette médulle électrique dans l'appareil germinateur, où les esprits qu'elle contient déterminent un stimulus comme inflammatoire et avidement concentrateur de fluides nerveux, sanguins et lymphatiques, les matériaux secondaires avec lesquels les molécules éminemment spiritueuses de la glaire embryonique, organisent des foyers principaux et des appendices subordonnés ganglionnaires et sensoriaux, d'après une disposition native et comme impulsée par les rachis procréateurs. De sorte que les embranchements nerveux gris et blancs étendent leurs filaments rudimentaires; que les gouttes fibrineuses, représentatives des faisceaux musculaires futurs, se contournent servilement sous leurs influences; que les sucs albumineux se placent tertiairement, et les gélatineux ensuite; ce qui s'effectue, je ne dirai plus par la sympathie des éléments, mais bien par l'élasticité respective des atomes actifs et passifs qui, au moyen du sécrétisme et de ses deux agents, l'attraction et l'expansion, configurent, organisent le germe de l'homme, de manière à développer ses parties constituantes dans le silence utérin, et en l'enchaînant ombilicalement à la mère, à le grossir de plus en plus et à le terminer complétement par l'alimentation de tous les jours. De sorte que, lorsqu'il est mûr, c'est-à-dire lorsque son sécrétisme blanc est assez puissant pour s'irradier aux sens, à l'origine percevante des muqueuses, à la peau, l'impression soudaine de ses enveloppes refoule ses esprits expansifs, le crispe: ce qui opère une réaction soulevante de la matrice qui, elle-même, par ses contractions élastiques, vomit un ingesta devenu nuisible à l'exercice régulier du rayonnement spiritueux, attaché aux rameaux nerveux épanouis et intriqués dans sa membrane propre. Alors l'enfant apparaît au jour, et acquiert sa sensorialité ou son moi avec le premier contact des externa, qui, en frappant la pulpe mentale si fragile, lui donne la conscience pénible de leur première sensation que, ne pouvant supporter, il cherche à dériver soudain par l'expansion du flatus onduleux re-

foulé, lequel se fraye un passage par la médulle innévrilématique, et se décharge sur les réseaux musculaires des
membres et de la voix agités. C'est en cherchant à s'équilibrer avec les circumfusa, que le sensorium, sans cesse en
action, produit un stimulus cérébral tel que les fluides
sanguins et nerveux sollicités, déterminent la turgescence
encéphalique, si manifeste dans le premier âge: ce qui
cause son expansion si vivace, sa mobilité si turbulente,
son babil si importun, dont le concours dispendieux, excitant l'appétit et la nutrition, contribue au développement
progressif et des viscères et de la locomotion. Mais lorsque
la pulpe mentale a neutralisé par la réflexion toutes les
sensations de l'enfance, ces sensations, transformées en
images, produisent un spiritus idéeux abondant, qui devient, après le premier stimulus effacé du sensorium, le
second stimulus seul prédominant. C'est alors que commence la période des espérances, des projets et des illusions de l'adolescence dont la continuité active, nécessi-
tant des matériaux nombreux de réparation et d'assimilation, développe, d'une part, par son attraction, les mouvements fondamentaux du cœur et des poumons oxygéna-
teurs, et de l'autre, par son expansion, les agacements
originels des organes génitaux. De sorte que la poitrine,
forcée de travailler pour entretenir les incessantes provoca-
tions supérieures, fortifie ses rouages par l'exercice, et tend
à les élever au diapazon des besoins qui les exploitent.
C'est ce qui amène la phase de la jeunesse caractérisée par
le perfectionnement de l'appareil circulatoire et pulmonaire, dont le stimulus attire à lui les forces élastiques
exubérantes de la nutrition. Alors sa saturation, conséquente d'une puissante hématose fabricatrice d'un sang
bien fibrineux, enivre la pulpe mentale et son système

blanc, le rachis gris et ses dépendances ganglionno-plexueuses; et anime les premiers qui dérivent leurs spiritus par les pensées, la force et les dépenses propres à cet âge enchanteur; et sensibilifie les autres par la contractilité, l'élasticité vivace de la trame nerveuse qui n'admet que des matériaux utiles à l'électrisation de l'arbre général. Mais cette continuité d'action amène à la longue une plénitude pectorale, qui non-seulement se trouve bientôt équilibrée avec les besoins sensoriaux, mais qui devient elle-même encore un stimulus supérieur pour l'appareil abdominal tributaire. De sorte que celui-ci est obligé de travailler puissamment pour satisfaire aux exigences de la tête et de la poitrine; ce qui développe les viscères hépato-gastriques, et amène l'âge viril, où les trois sécrétismes gris, encéphalique, cardio-pulmonaire et solaire-mésentérique, se trouvent équilibrés entre eux, et dans une harmonie de dépense et de réparation. Alors nourrissant le sensorium avec mesure et non plus avec ivresse et saturation, comme dans les âges antérieurs, ils lui permettent de dériver le flatus consommé dans un rapport proportionnel, c'est-à-dire avec discernement, économie, sagesse : ce qui lui inspire l'instigation aveugle qu'il doit un jour s'appauvrir et manquer. C'est pourquoi il le ménage, il le réserve, il le concentre. De là découlent, par la privation d'expansion et la stase inventriculaire du flatus nourricier du spiritus idéeux, de là découlent les calculs, les désirs, l'ambition et tout le cortége des projets conséquents d'une lampe consciente qui doit décliner faute d'aliments, et qui, après la période de l'âge mûr, s'affaiblit en effet : son esprit réparateur étant soutiré de plus en plus par les organes fibrineux et tous les tissus de l'économie devenus plus compactes. De sorte que cette plénitude viscérale, s'accroissant toujours par la densité du système musculaire depuis longtemps terminé, l'épaississement des tendons, l'endurcissement des os, exploite sans cesse pour leur entretien le sécrétisme gris fondamental et le sécrétisme blanc de relation, les ruine, les mine, les tarit insensiblement : ce qui ralentit leurs rayonnements électrisateurs, enraye leur contractilité, rigidifie les membranes. Moins réagissants, moins élastiques, les organes digestifs sont moins difficiles dans le choix des aliments ; les chylifères dans le triage des molécules qu'ils absorbent ; les poumons dans l'hématose que la respiration moins fréquente effectue ; les artères dans le charroi plus languissant de la chair coulante ; les couches grises dans la distillation des esprits qu'ils passent péniblement ; le sensorium dans leur sécrétisme peu stimulant : ce qui amène d'abord le desséchement des organes génitaux, et plus tard la pesanteur de la vieillesse, la maigreur hideuse et concentrative de ses formes, le froid de ses extrémités, leur tremblement, leur paralysie, la perte des sens, l'annulation de la mémoire, la falsification du jugement, l'hébétude de la pensée, et cette inertie d'un automatisme dont les ressorts usés vont bientôt s'arrêter avec l'enrayement du cœur et le refroidissement définitif des centres sécréteurs, suspendus par l'envolement final des atomes actifs : ou s'il en reste encore, leur insuffisance ne peut produire un stimulus propre à attirer des aliments, à confectionner du chyle, à l'oxygéner et à le spiritualiser ganglionnairement, pour en nourrir la sensorialité expirante et sa tige organique désélectrisée. Alors les débris cadavériques, abandonnés à leur propre énergie, se putréfient bientôt, et se livrent à l'expansion constitutionnelle de leurs molécules, que des attractions supérieures terrestres ou astrales absorbent dans leurs foyers, pour les rayonner en calorique, en lumière, en électron, en atomes actifs propres à recommencer le cercle physiologique du *sécrétisme universel*, en passant par les minéraux, les végétaux et les animaux, la métempsycose pythagoricienne des éléments impérissables.

Si tout l'Univers n'est qu'un grand être, et si la zoologie n'est elle-même qu'un ramuscule terminal plus épuré dans ses éléments et analogue au tissu floral d'une plante, il vient à la pensée que ce ramuscule délicat a commencé à poindre, et n'était qu'un bourgeon dans la phase embryonique et graduellement perfective de notre planète. La matière animale était donc originellement extrêmement limitée et peu douée d'atomes actifs. Aussi, depuis les infusoires et les polypes, où règne seulement une irritabilité comme végétale et inconsciente, voit-on les facultés se développer et se multiplier progressivement, en montant le ramuscule zoologique jusqu'aux mammifères les plus complets. De sorte que selon les positions climatériques, lumineuses et électriques où la marche des mers a transporté la glaire animale primitive et comme rudimentaire, cette glaire, uniquement composée de molécules muqueuses, huileuses, glutineuses des eaux pénétrées d'atomes impondérables, a joui par eux d'une élasticité temporaire susceptible de réagir contre les impressions excitantes des vents, de l'humidité, de la chaleur; ce qui a doué les premières agrégations pulpeuses d'un sécrétisme instantané, puis éphémère, puis annuel, bisannuel, etc.; et ce qui a développé à la longue, par l'intus-susception, la multiplication et l'extension des atomes facultatifs, des organes propres aux divers circumfusa, comme l'estomac pour les ingesta forcés des polypes, les appendices rotatoires des radiaires, les trachées et l'ouïe pour l'air et le son, des yeux pour la lumière, des branchies pour l'eau et l'air, des poumons pour l'air et le calorique, des noyaux nerveux pour les sécrétismes partiels et notamment pour esquisser les rouages de la circulation, un système ganglionnaire pour une vitalité plus générale, un indice cérébral pour un commencement de sensorialité, des éléments de moelle épinière pour une ébauche de locomotion, un développement plus complet des rachis gris et blanc pour perfectionner les fonctions nutritives et animales et les élever par degrés aux types admirables où nous les voyons. Lesquels types ne sont autre chose que de la matière minéro-végétale passée à l'animalité par l'influence incessante des circumfusa divers qui ont pétri et configuré la pâte activo-passive des tissus constituants. Et comme ces circumfusa ont changé avec le desséchement du globe, ils ont successivement amené, dans le ramuscule zoologique, des individus qui se sont de plus en plus éloignés des formes qu'ont jadis nécessitées le séjour, les besoins et les habitudes des marais et des eaux : de là l'évolution des mollusques, des crustacés, des insectes, des reptiles, des oiseaux et des mammifères, dont les germes spermatiques si bornés, même à présent, et réduits à un si petit nombre d'atomes actifs et passifs, agrandissent tous les jours la trame de leur existence animale avec des matières minéro-végétales, et lui font prendre des dimensions volumineuses qui feraient douter de leur origine et de leur composition terrestres, déguisées par les combinaisons nervoso-fibrino-albumino-gélatineuses actuelles. Mais que des circonstances géologiques malheureuses viennent changer le sol et l'atmosphère de

notre planète; qu'un calorique trop ardent dessèche la
terre et la dépouille de végétaux; que le froid resserre la
vitalité et la rapetisse; que des catastrophes diluviennes
envahissent les contrées, engloutissent les espèces, et dis-
persent leurs débris; que ces matières, excrétées sur des
sables nouveaux, soient en contact avec des circumfusa
d'une nature étrangère à ceux qui ont présidé à l'évolution
du ramuscule zoologique du globe; la nature animale re-
naissante prendra des modifications nouvelles et une autre
direction sous la sculpture maîtrisatrice des éléments physiques influençants; et un ramuscule zoologique différent
s'étendra petit à petit avec des facultés diverses: quoique
cependant la loi primitive qui subordonne la pulpe animale aux agents matériels subsiste la même, c'est-à-dire,
que s'il y a de l'air, de la lumière, de l'eau, les organes
nouveaux, en les absorbant et en s'en composant, produi-
ront des moyens d'*assimilation absolue* de les dériver: d'où
résulteront toujours des réceptacles et des évacuateurs
appropriés, des pores, des stigmates, trachées, branchies,
poumons, vaisseaux, sacs, intestins, vessies, etc. L'électron incorporé se créera toujours des noyaux d'agrégations comme cristallines, et sera élastiquement déchargé
de son superflu par des secousses musculo-torpilléennes,
ainsi de suite. Mais de plus, la perfection progressive es-
sayera une élaboration exquise et capitale qui prendra petit à petit, après des milliers de siècles et de préparations
antérieures nerveuses, un commencement de sentiment
obtus, de notion vague, une sensorialité naissante, qui
s'enrichira de molécules actives de plus en plus subtiles,
d'où se formeront à la longue des facultés cérébrales cons-
scientes et motrices, de la même manière, quoique moins
grossièrement, que les végétaux, constitués primordiale

ment par des molécules minérales, se sont cependant procuré, par l'épuration des éléments intégrants, des corolles irritables et des organes sexuels qui impressionnent notre intelligence émue de leurs amours, car nous les voyons sensibles selon leur nature à leurs attouchements réciproques.

D'après ces inspirations peut-on se refuser à une progression générale, à une ascension purificative universelle? Gloire donc à notre savante époque qui entrevoit dans le lointain ténébreux des âges passés le crépuscule des vérités originelles que d'astucieux mythologues ont voulu voiler à notre pénétrante imagination, pour étouffer les germes autorisants de l'indépendance et de l'élévation morales de l'homme, afin de mieux l'exploiter!

ANTHROPYGIE.

Si les figures 15 et 16, malgré leur informité, nous représentent non-seulement la disposition analytique de l'anatomie, mais encore l'enchaînement viscéral de la physiologie, nous ne pouvons nous refuser à cette idée satisfaisante et définitive que l'homme n'est qu'un assemblage d'organes façonnés par les agents externes, où ils puisent et les éléments de leur constitution absolue et les moyens de leur réparation temporaire. Car l'arbre nerveux et ses dépendances ramusculaires artérielles, veineuses et lymphatico-osseuses jouissent intrinsèquement du sécrétisme ainsi que de l'attraction et de l'expansion qui y sont attachées, et par lesquelles ils absorbent, comburent et dépensent les matériaux divers de la nature. Il existe donc, je ne dirai pas un antagonisme permanent, mais bien une influence constante et une servitude complète entre les agents physiques et le sécrétisme animal ; puisque ce sécrétisme gris et blanc, formé par la quintessence volatile des fluides impondérables, des atomes actifs les plus purs du globe, plus ou moins entachés de passifs, est une lampe dont la distillation expansive est non-seulement entourée, constituée et entretenue par eux, mais encore modifiée incessamment par leur stimulation sollicitatrice, la cause *sine quâ non* de sa flamme, de son rayonnement, de sa durée : ce qui la rend susceptible d'être à chaque instant ralentie, accélérée, exaltée, étouffée, éteinte par leur indispensable provocation. Or, la science qui apprend à l'homme à s'exposer à des influences propres à conserver son lampadisme électrique et la régularité des fonctions résultantes de son rayonnement, s'appelle *hygiène* dont la connaissance et l'observation vantées depuis les premiers âges, concourent si puissamment à le préserver de toute maladie. La santé consiste donc dans l'exécution sans entrave, dans l'intégrité du sécrétisme nerveux. Mais qu'est-ce que sécréter? Nous le répétons, c'est comburer, distiller, trier, vaporiser, subtiliser, sublimer des fluides ; comme le feu qui décompose le bois et le réduit en cendres et en gaz volatils ; comme l'eau qu'on fait bouillir et évaporer ; comme lorsque le soleil, dardant son feu résolutif sur des nuages brumeux, les dissipe en pluie, en rosée, etc. De même le rachis, l'encéphale, les embranchements nerveux, les ganglions, les organes même, par le vide des atomes actifs constitutionnels, absorbent des aliments oxygénés qu'ils brûlent, distillent, trient, décomposent, vaporisent, sécrétent par leur énergie élémentaire. De sorte que ce travail sépare les impondérables, le calorique, la lumière, l'électron, que les atomes organiques analogues, sympathiques, congénères, égaux en activité, s'approprient et rayonnent; tandis qu'ils rejettent les fluides plus ou moins crasses qui, passant par les membranes, les glandes, les muscles et les rouages moins difficiles, moins élastiques, sont assimilés par eux pour leur composition absolue, ou distillés par l'infériorité de leur innervation si diverse, et transformés en sérosité, mucus, graisse, synovie, salive, urine, etc. Mais ces opérations ne sont que secondaires et dépendantes des deux sécrétismes principaux, le gris et le blanc.

Le gris, le fondamental se compose des quatre mouvements primordiaux et conditionnels de ce qu'on nomme la vie: l'attraction plexueuse cardio-pulmonaire de la respiration alternative avec l'expansion plexueuse solaire-mésentérique, et la concentration solaire-mésentérique alternative avec l'expansion cardio-pulmonaire. Voilà les quatre phénomènes radicaux de l'économie qui se fortifie, s'affaiblit, s'annule avec eux. Le flatus gris, distillé par leur tronc rachidien, communique avec le système blanc, immédiatement par les couches grises encéphalo-épinières, et médiatement par les artères carotides et vertébrales, au moyen du sang qui s'en est saturé pendant l'hématose, en recevant les bouffées nerveuses de l'expiration cardio-pulmonaire. Tout ce qui enraye ces quatre mouvements radicaux et l'expansion du flatus gris dans les viscères correspondants, enraye donc la santé qui en dépend. Il en est de même du rachis blanc: nourri par le flatus gris impulsif qu'il sécrète, qu'il transforme en sa propre nature, il est turgidifié sans cesse par son flatus blanc qu'il rayonne par les sens, les racines pneumo-gastriques, la moelle épinière vocale et locomotrice, et les organes reproducteurs. Il jouit donc d'un mouvement expansif continu, dont l'exercice est une condition de santé presque égale aux quatre mouvements radicaux inférieurs. De sorte que tout mouvement concentratif de son innervation comprime aussi le jeu fondamental de l'existence, et sollicite la réaction défensive de l'instinct dérivateur. Ce qui fait voir que les secousses morbifères peuvent pénétrer, soit par la vie animale : derme, sens, pulpe mentale, soit par l'organique : les muqueuses oxygéno-alimentaires. Si les ramifications ganglionnaires et plexueuses du sécrétisme gris fondamental ne réagissaient pas par leur élasticité neutralisante, les ondulations électriques agressives et refoulantes formeraient des noyaux de congestions viscérales, que des feux-nerveux devraient tôt ou tard fondre, comburer, distiller, sécréter, trier, vaporiser, résoudre, etc. (tous synonymes), et éliminer de l'économie par résorption critique. La maladie est donc quelque chose d'aussi matériel que la santé, et de même nature qu'elle, puisqu'elle est une sécrétion anomale, une espèce d'organe irrégulier et improvisé, composé de feu-nerveux primitif et de fluides engorgeurs secondaires, sollicités par son appel; lesquels doivent se dissiper sous le concours et la cuisson d'un flatus électrique plus abondant et vaporisateur. Ce double aperçu définit donc, à la fois, la santé et la maladie : mais laissons la pathologie.

L'homme, comme nous l'avons vu précédemment, n'est donc, ainsi que toute espèce de nature animale, qu'une véritable cire molle, qu'une argile servilement façonnable, qu'un composé terreux de feu-électrique, de fibrine, d'albumine, de gélatine et de sels, qui a pris, par la succession du sécrétisme et les influences entourantes, les formes actuelles que nous admirons. Constitué par les mêmes éléments que l'Univers, et nourri par leur stimulation conditionnelle, il est encore assujetti par leur absolue maîtrisation. De sorte qu'il est toujours et partout le jouet des climats et de leurs productions, c'est-à-dire de l'électron terrestre, du calorique et de la lumière solaires, de l'air atmosphérique, des eaux, des aliments qui tous s'incorporent avec sa propre substance, s'incarnent en lui, et forment, selon les zones, ses divers appétits ganglionnaires, cause variable des tempéraments; tandis que ses qualités sensoriales, quoique puisant leur force impulsive dans la nature même de cet instinct argileux, sont surtout modifiées généralement par les institutions sociales, politiques, religieuses, de famille, et particulièrement par les habitudes, les professions, les rapports dont les inévitables effets, érigés en influences permanentes, ont amené la diversité des caractères, les nuances mentales des tempéraments radicalement susciteurs. Étonnons-nous donc maintenant de la variété de l'espèce humaine, depuis les grands singes érectiles, les cagots des Pyrénées, les Albinos d'Afrique, les Crétins des Alpes, les Papons si dégradés, les Cafres, les Hottentots, jusqu'aux Malais, aux Européens, qui diffèrent même, non-seulement selon les latitudes et longitudes générales, mais encore selon telle nation, telle province, tel département, tel village, tel hameau, telle plaine qu'ils habitent, telle eau qui les abreuve, telle montagne qui les abrite, tel vent qui les bat, tel paysage qui les impressionne, etc. Étudions donc successivement les puissances physiques capables de sculpter l'économie, soit par leurs impressions superficielles, soit par leur incorporation; puis nous passerons aux actes mêmes des fonctions constitutives qui ne sont pas moins propres à modifier la nature terreuse de nos organes.

Le soleil, dans le sein de l'espace, est le ganglion suprême, animateur du pois-chiche planétaire. C'est lui qui préside à sa vitalité, et a fait sortir de son sein la plantule des productions minérales, végétales et animales. Que la terre, par une supposition irréalisable, se trouve confinée à huit cent millions de lieues du soleil, elle serait moins vivace et moins couverte de parasites qui changeraient relativement à la nouvelle localité céleste. Eh bien! c'est cette première considération, émouvante sans doute pour un esprit philosophique, qui doit présider à toute idée commençante de l'hygiène. Car si le rayon solaire est le premier souffle vivificateur des sécrétismes planétaires, ces sécrétismes, dans les différentes zones climatériques, varient dans les rapports de son abondance, de même que dans l'économie, les ramuscules muqueux plus voisins des plexus, sont plus électrisés que leurs terminaisons séreuses. Aussi quel contraste pour l'observateur entre les plages polaires, leurs productions avortées et leurs hommes rabougris, avec ces contrées favorisées de l'astre suprême, où tout est grand, fort, vigoureux, dans les évolutions des plantes, comme dans les passions des hommes et les instincts féroces des brutes. C'est que dans le nord où les rayons obliques et lointains ne pénètrent que comme un douteux crépuscule, le spiritus sidéral, principe de tout sécrétisme, n'est ni assez puissant, ni en assez grande quantité pour solliciter de la terre l'attraction des huiles, des mucus, des sels et de tous les éléments solubles, propres à former des végétaux et des animaux capables de peupler ces contrées stériles; car ceux qui s'y trouvent ne sont que des transplantations manifestement acclimatées, puisqu'il ne peut y avoir d'indigènes que des mousses, des lichens, des algues, des genièvres, des sapins et des individus de la plus grande uniformité, les premières

7*

ébauches d'une botanique et d'une zoologie naissantes.
Tandis que le midi enivré, saturé, électrisé sans cesse par
des émanations solaires exubérantes et fermentatives, a
vu surgir originellement sous l'équateur les principes terrestres propres à commencer et à parfaire l'arbre immense
minéro-végéto-animal, symbole de toute création organique. Aussi est-ce sous la ligne que les sécrétismes électriques abondent en nombre, en énergie, en grandeur,
pour diminuer, s'affaiblir et se rapetisser insensiblement,
à mesure que les latitudes s'approchent des tropiques et
des zones boréales. Ce qui nous inspire incontestablement
que le spiritus solaire et les productions sont insépara-
bles, identiques, conditionnels. Mais sans nous égarer
dans une philosophie trop vaste, et si nous nous bornons
à l'homme, nous voyons qu'en humant l'esprit vital de
l'Univers (le calorique, la lumière et l'électron sidéraux),
il se l'assimile et en grossit ses rachis gris et blanc, qui,
eux-mêmes, vont en constituer leurs embranchements
nerveux et les organes aboutissants, les muscles, les viscères, les membranes et toutes les parties intégrantes. De
sorte que l'homme, comme tout ce qui a vie et mouvement, n'est que du soleil animalisé avec des gangues minéro-végétales. C'est donc une cire molle, une argile façonnable, une pâte modifiable par l'impression et l'intus-
susception de son auteur. Le souffle de la vie est donc le
spiritus électrique mentionné, le feu-nerveux, le flatus
gris du rachis, qui, à la longue, a provoqué l'évolution
florale d'une ébauche de sensorialité, pulpe mentale, et
de ses dépendances épinières locomotives et reproduc-
trices. Aussi tous ces organes composants varient-ils avec
les climats, la hauteur des lieux, l'habitude du soleil ou
sa soustraction, cause d'étiolement et de mort.

Depuis l'équateur jusqu'aux pôles, les quatre mouvements fondamentaux du rachis gris s'exécutent chez les
hommes comme chez les brutes avec un absolutisme et une
irrésistibilité relatifs à leur latitude : aussi les passions et
les instincts qui ne sont que leur réaction électrique contre
toute contrainte refoulante, leur sont-ils également proportionnels. Ces mouvements rachidiens, enfants de la rapidité et de la consommation d'un sécrétisme énergique,
impulsent toujours un sensorium et une moelle vocale,
motrice et générative conséquents. Ce qui donne raison de
la sensibilité excessive des races méridionales, de l'imagination et de la volupté orientales, des extases et des vi-
sions des contemplateurs indiens, des mystères occultes
de l'Égypte, de l'ambition si excentrique des Alexandre et
des Tamerlan, et des volontés autocratiques de tous les
despotes de l'Asie.

Sous le point de vue médical, les hommes, imprégnés
souvent par une atmosphère électrisée, ont par conséquent le ventre chaud, et par l'absorption des éléments
solaires, et par les principes spiritueux et fermentatifs
de toutes les productions qu'ils s'incorporent. Alors le
sang est brûlant, le sensorium tendu, l'épine nerveuse
turgidifiée, et toutes les fonctions exaltées : ce qui rend
compte, non-seulement de l'accélération et de l'intensité
de leurs actes, mais encore des maladies inflammatoires,
putrides et contagieuses qui les assaillent si fréquemment.
Tandis que là où la spiritualisation est modérée, les quatre
mouvements fondamentaux n'absorbent qu'avec mesure,
et leurs produits sanguins ne stimulent qu'analoguement
l'encéphale et ses dépendances. Ce qui, loin de les dépenser rapidement et violemment, comme dans les constitutions précédentes, les laisse à demeure pour en user avec

discernement, d'où dérivent cette plénitude et cette beauté énergique des formes, ce phlegme, cette supériorité et cette retenue de caractère des latitudes tempérées. Les esprits inductifs peuvent, de ces considérations excentriques, tirer toutes les particularités existantes, facilement applicables à toutes les nuances des races, des tempéraments, des caractères et des positions géologiques, tout en déduisant les neutralisations de l'humidité, des vents, des habitudes, en un mot, de tout ce qui peut affaiblir l'abondance et l'énergie des principes vitalisables de l'air, l'oxygène, le calorique, la lumière et l'électron, tant terrestres que solaires. De plus, le médecin ne doit jamais perdre de vue: 1° la pesanteur de l'atmosphère, qui, diminuée, provoque les hémorrhagies et les congestions par la moindre résistance qu'éprouve l'expansion artérielle du flatus; 2° ses vicissitudes venteuses qui répercutent la transpiration et le *spiritus* rayonnant, et prédisposent aux catarrhes bronchiaux et pulmonaires, aux diarrhées, aux rhumatismes, aux fluxions lymphatiques; 3° son humidité, cause de cachexies, d'atonie, de scorbut; 4° sa pureté et sa trop grande chaleur nuisibles aux enflammés, aux hypochondriaques, aux maniaques, aux épileptiques, mais avantageuses aux hydropiques, aux scrophuleux; 5° sa froidure qui, tempérée, tend la fibre, affermit les organes, énergifie le sensorium, tandis qu'excessive elle rapetisse la constitution, refoule les fluides, et peut occasionner toutes les congestions et les phlegmasies : avis donc aux apoplectiques, aux variolés, aux femmes enceintes, etc.; 6° son trouble par des poussières volcaniques, des effluves marécageux, des gaz de fabriques, des principes contagieux, auxquels il faudra nécessairement se soustraire : car ces molécules septiques ou chimiques, introduites par la respiration ou la déglutition dans le cours de nos humeurs, et triées par les centres nerveux, les spasmodifient, les empoisonnent ou les annulent par asphyxie inalimentaire; 7° les dangers de l'insolation, puisque les coups de soleil, producteurs d'érysipèles et de phrénésies, menacent le jardinier, le vigneron, le moissonneur; 8° son état électrique, susceptible d'agiter les personnes délicates, irritables, vaporeuses; 9° l'abandon d'un climat pour se transporter dans un autre, ce qui nécessite des précautions alimentaires et externes pour se préparer aux changements inévitables, quoique le plus souvent insensibles, des nouvelles influences étrangères.

Mais toutes ces modifications atmosphériques se font ressentir même chez les stationnaires dans le cours des saisons, principalement dans leur transition soit brusque, soit naturelle. Ce sera donc par des moyens opposés aux agressions physiques qu'il faudra résister à leur puissance oppressive et morbifère, notamment par les vêtements, les bains, les frictions, etc.

Si l'on considère les peuples qui couvrent toutes les régions de la terre, on voit que leurs habillements sont en rapport avec leurs climats : ce qui explique les épaisses fourrures de la Sibérie, et les plumes légères de certaines îles équatoriales, les draps et les cotonnières des habitants centraux de l'Europe, etc. Mais toute condition hygiénique des objets qui nous couvrent, consiste, non-seulement dans leur utilité relative contre les impressions du froid, du chaud, de la pluie, des vents; mais encore en ce que leur application locale ne froisse et ne blesse pas les parties qu'ils protégent. C'est ainsi que les coiffures, les cravates, les habits, les corsets, les ceintures, les jarretières, les chaussures, ne doivent jamais, par leur serrement, concentrer l'expansion des organes, sous la condition de leur oppression phlegmasique, de leur congestion et de leur atrophie. Que de céphalalgies, d'apoplexies, d'angines, de raucités, de dyspnées, d'inaptitudes à allaiter, de pulmonies, de gastrites latentes, de varices, d'engelures, de phlegmons, de cors, n'en sont pas la conséquence ignorée. Tandis que des vêtements larges, aisés, favorisent le jeu de la locomotion, et permettent aux fonctions viscérales internes d'acquérir toute leur plénitude physiologique, condition d'une santé bien affermie. Est-il nécessaire de vanter la supériorité de la toile, l'utilité de la flanelle immédiate, bornée aux plus grands froids, et plus longtemps pour les poitrines irritables; de célébrer les cosmétiques, moyens de coquetterie, aisément remplaçables par une sévère propreté; de recommander les bains froids (18 à 20°) aux échauffés, les tièdes (20 à 30°) à tous sans distinction, et tous les quinze jours, les chauds (30 à 35° et plus) dans certains cas sémi-pathologiques. Quant aux bains de mer, d'eaux minérales acidules et gélatineuses, ils conviennent aux atrabilaires, aux ennuyés, aux riches, autant par leur propre efficacité que par la distraction et les plaisirs des localités. Les ferrugineux, salins, sulfureux appartiennent aux constitutions délabrées par une cachexie chlorotique, digestive, rhumatismale et cutanée. Les onctions, les lotions, les frictions, souvent compagnes des bains, en augmentent l'effet par la propreté qu'elles opèrent, ou la stimulation circonférencielle qu'elles déterminent. Elles seront avantageuses comme le massage aux personnes sédentaires, obstruées et moroses.

Si, de ces principes généraux et de ces moyens tout à fait externes, nous passons aux éléments qui nous pénètrent, et qui s'incorporent à notre être, nous sentirons, contrairement aux idées communes, que l'électron, le calorique, la lumière et l'air que nous respirons, font autant partie des aliments que les molécules introduites par la déglutition. Alors pourquoi donc en faire une classe séparée, puisqu'ils ont le même but, l'entretien nourricier du lampadisme nerveux et focal, ou des sécrétismes ramusculaires viscéro-organiques. Les impondérables et l'oxygène de l'atmosphère sont les premiers stimulateurs conditionnels de la distillation encéphalo-rachidienne et sensorio-ganglionnaire qui s'active, se ralentit, se fortifie ou se débilite avec leur abondance ou leur pénurie. Beaucoup d'électron, de calorique, de lumière et d'oxygène absorbés et assimilés ont formé le tempérament sanguin caractérisé par une grande puissance d'innervation cérébrale et pulmonaire, une proportion convenable et relative de l'appareil digestif, un développement marqué du système locomoteur, et une aptitude non moins facile et dépensière du bouquet reproducteur. De sorte que cette plénitude électrique, par la contractilité des organes constitutifs, exécute avec régularité les fonctions chymeuse, chyleuse, respiratoire, circulatoire et assimilatrice; et remplit avec turgescence, expansion et force, les actes satisfaisants et dérivatifs des sens, de la pensée, de la voix, du mouvement et du plaisir. Tandis que les constitutions, soit naturelles, c'est-à-dire celles où manquent ces conditions atmosphériques vivifiantes, soit accidentelles, celles que la maladie a altérées, loin de jouir comme les sanguins d'un rayonnement facile et plein, sont comme les bilieux plutôt portées à la concentration : 1° parce que l'électrisation est insuffisante, faute de matériaux; ou 2° parce que l'électrisation vicieuse de l'appareil abdominal, exploitant sans cesse l'économie, et surtout en sens contraire de l'expansion ascendante, sensuelle, sensoriale, vocale et génératrice, appelle le fluxus des esprits fabriqués, devenus tributaires de cette maîtrisation anomale. Alors le ventre s'engorge; le canal intestinal s'épaissit; ses pores oblitérés de sang, en raison de la supériorité de la fibrine sur la matière nerveuse, deviennent moins contractiles, et s'encroûtent davantage; aussi convoquent-ils une somme plus grande d'esprits, afin de remplir la première fonction fondamentale de l'organisme, la préparation des aliments réparateurs: ce qui prive l'encéphale des conditions de plénitude et de saturation, et empêche ses dépenses bien moins aisées et bien moins fréquentes que chez les sanguins. De là cette concentration habituelle et cet égoïsme forcés des bilieux que tout soulèvement, que toute expansion fatigue et irrite, en détournant le cours ordinaire et entraîné des esprits qui, destinés et façonnés surtout pour le ventre, révoltent et violentent l'encéphale qui les trie péniblement, et les dérive par une virulence égale. Telle est donc la cause de la susceptibilité, des emportements, des vues intéressées des hommes dominés par une semblable spiritualisation viscérale.

Mais ces dispositions tempéramentales, quoique dues primordialement et généalogiquement aux fluides atmosphériques stimulateurs du sécrétisme nerveux, dérivent aussi de l'usage des aliments proprement dits, selon la proportion des atomes actifs, des principes électrisants qu'ils renferment. Saturées, comme tout le rameau zoologique (fig. 2), d'une force constitutionnelle qui leur donne leurs propriétés toujours relatives à la dose, à la quintessence, les substances alibiles contiennent des molécules attractives, sécrétrices et rayonnantes comme ces atomes originels qui les forment. C'est pourquoi elles agissent sur l'économie dans le même rapport, et peuvent être divisées en trois classes, selon que les molécules intégrantes sont ou inférieures, ou égales, ou supérieures aux atomes également attractifs, sécréteurs et rayonnants de l'organisme, c'est-à-dire à la force nerveuse, à la température égale et uniforme émanée par les ramuscules foliacés et membraneux adhérents aux embranchements ganglionnaires des plexus solaires mésentériques dont l'expansion adopte, cuit ou rejette les ingesta qui les impressionnent. Ces trois classes alimentaires fondées sur ce principe que la première serait, par sa prolongation, insuffisante à nourrir un adulte, la deuxième suffisante et la troisième superflue, s'appuyent radicalement sur cette idée conséquente du sécrétisme : que la faim est un stimulus causé par le flatus gris fabriqué pendant la distillation du dernier repas ; lequel flatus gris turgidifiant le rachis et les plexus ganglionnaires, appète, attire par le vide de leur présence irritante, des matières alibiles neutralisantes. Dès qu'il les possède, le feu physiologique et inflammatoire est saturé ; l'économie agitée se calme, et les aliments enivrés s'animalisent de plus en plus avec son aide, et en parcourant le cercle des élaborations et de la nutrition, parviennent comme les précédents à leurs destinations diverses, entre autres au rachis gris qu'ils pénètrent et qu'ils agacent proportionnellement à la dose des spiritus alors stimulateurs de la faim et dans le même rapport. L'esprit du sécrétisme, de ce système philosophique si neuf dans ses principes et si large dans ses applications, consiste donc dans l'idée de fluides nerveux, d'électrons intégrants, causes des phénomènes attractifs et inflammatoires par leur accumulation, des fonctions entretenantes par l'élasticité des organes spiritualisés, et de leurs actes dépensiers par leur dissipation.

Les aliments dont la force moléculaire sécrétante est inférieure à l'innervation fondamentale, comprend les acides végétaux étendus, les fraises, framboises, groseilles, prunes, reines-Claude, abricots, pêches, melons, raisins, figues, dattes, gommes, mucilage, albumine, huiles siccatives, lait, beurre, sucre, miel, oseille, épinards, etc.

Les aliments d'une force rayonnante égale à l'expansion ganglionnaire des membranes muqueuses, comprennent la fécule, la gélatine, le gluten, la fibrine, l'osmazôme, et par conséquent le blé, l'orge, le seigle, le riz, le maïs, les pommes de terre, les châtaignes, le sagou, le salep, les pois, les fèves, les carottes, les choux, les navets, les œufs, les poissons blancs, la volaille domestique, le veau, le lapin, certains oiseaux des bois, le bœuf, le mouton, le cochon, le vin étendu d'eau, etc.

Les molécules alimentaires, supérieures à la force normale, à l'expansion contractile du sécrétisme gris fondamental, constituent quelques poissons de mer, les alouettes, les cailles, les grives, le lièvre, le sanglier, le râle d'eau, les palmipèdes sauvages, la bécasse, les épices, les chocolats aromatiques, le vin pur, le café, le thé, les liqueurs, l'eau-de-vie, les vins méridionaux, le punch, etc. On doit aussi placer dans cette catégorie certaines matières pharmaceutiques, employées souvent comme préservatives, et renfermant plus ou moins des principes colorants, résineux, extractifs, du tanin, des baumes, des huiles essentielles, les infusions stimulantes, les anti-laiteux, les anti-glaireux, les purgatifs de précaution, et tant de préparations soit minérales, soit végétales, qui empoisonnent plus ou moins chroniquement, ou spasmodifient et oblitèrent les pores asclépiadins par où les flatus gris ou blanc doivent se dériver [1].

Ce triple aperçu, base de toute réparation et de toute préservation morbide, comprend les moyens d'alimentation propres à toute espèce de constitution. C'est à l'homme à les combiner de manière à les harmoniser, à les proportionner à ses forces digestives et aux besoins, aux dépenses de son arbre économique: ce qui fait varier le régime selon les tempéraments, les habitudes et les professions. Car si c'est le tronc cérébral qui fonctionne le plus, comme chez le philosophe, sa réaction exploitante sur l'appareil nerveux gris du ventre, exigera un autre genre de nourriture que pour le peintre et le musicien, qui ne font dériver leur feu-nerveux que par les rameaux sensuels; que pour le chanteur qui n'a qu'à ébranler ses ramuscules vocaux; que pour le boulanger et le bûcheron, le danseur et le chasseur, qui ne dépensent que les sucs nécessaires à la fatigue des branches musculaires; que pour le voluptueux qui use la quintessence de la médulle épinière par les éjaculations si pures de son bouquet terminal. Médecins et vous lecteurs philosophes, appliquez donc ces généralités aux spécialités de votre arborisme constitutionnel, et de ceux qui vous consultent: car c'est dans ces principes, fondés sur les lois les plus profondes, tant de la nature universelle que du microcosme humain, que réside toute la rationalité de l'hygiène.

---

[1] Les adjectifs *gris* et *blanc*, adaptés aux mots *flatus, spiritus, feu-nerveux*, etc., ne veulent pas désigner leur couleur, puisqu'ils sont invisibles, impondérables et prodigieusement expansifs; mais sont employés pour indiquer la source et la nature des matières nerveuses *grise* et *blanche* qui les dégagent. C'est une catachrèse qui évite une périphrase fastidieuse et trop souvent nécessitée.

Toutes les considérations antécédentes s'enchaînent avec le même succès aux excreta, aux gesta et aux percepta. On conçoit que puisque tout est lié dans le corps de l'homme, et qu'il existe entre toutes ses parties un *consensus communis* reconnu déjà par Hippocrate, et si bien déterminé par notre doctrine; on conçoit, dis-je, que la vie organique étant l'appareil fonctionnel préparateur des matériaux que doit dépenser la vie de relation, cette vie ganglionnaire sera influencée par cette dernière dans le rapport de sa consommation; et réciproquement, la vie sensorio-locomotive dépensera selon la facile et abondante spiritualisation des appendices membraneux du rachis gris. C'est pourquoi, comme nous venons de le faire entrevoir précédemment, l'appareil nerveux inférieur, le sécrétisme fondamental cherche à s'équilibrer avec l'appareil nerveux supérieur, le sécrétisme expansif, et travaille d'autant plus que ce dernier fatigue, use, dépense et provoque le sien davantage. Aussi, chez les hommes qui occupent trop leurs sens, chez ceux qui exploitent sans cesse le domaine de l'imagination, chez les chanteurs, chez les ouvriers, entre autres ceux qui dérivent leur feu-nerveux aux diverses hauteurs de l'arbre locomoteur-musculaire, enfin chez les voluptueux, il se fait des consommations variables qui, ayant besoin d'être réparées journellement, contraignent le sécrétisme gris à s'habituer à cette exploitation tributaire : ce qui donne aux opérateurs de ces diverses actions, tant de la vie sensoriale que de l'ensemble constellaire des viscères organiques, leurs modes variables et conséquents. Il appartient donc aux hommes sages et réfléchis, quand ils entreprennent des habitudes, des devoirs, des états, de commencer petit à petit à user leur spiritus vital avec discernement et gradation, afin de laisser aux rouages fondamentaux, le temps de monter au diapason des nouveaux besoins, et de s'accoutumer à pouvoir suffire au surcroît de tribut qui leur est imposé. Voilà 1° comment l'abus de l'action des sens a déterminé des ophthalmies, des otites latentes, et plus tard des cécités et des surdités; 2° comment la tension habituelle de la pulpe mentale et de son spiritus imagineux, source des travaux de l'intelligence et de l'imagination, a causé des migraines chroniques, des apoplexies, des manies; 3° comment la fatigue de la voix a produit des angines trachéales, des phthisies laryngées, des toux sèches, des hémoptysies; 4° comment les mouvements excessifs des bras, des épaules, du tronc et des jambes occasionnent des hypertrophies locales et souvent des contusions, luxations, fractures; 5° comment la soutiration trop fréquente de la semence du bouquet terminal a déterminé la perte des sens, l'hébétude de l'esprit, le crétinisme, la consomption dorsale, le rachitisme et le plus souvent la phthisie pulmonaire et des duodénites incurables: car l'hématose et la chylification se ruinent aisément, surtout avant l'âge adulte, avant l'entière formation, pour satisfaire aux jouissances prématurées qui exigent d'elles tant d'oxygène atmosphérique et d'électrons alimentaires: puisque, je le répète, toute dépense de l'arbre de relation tire sa source dans le sécrétisme fondamental des ganglions centraux, et de leurs terminaisons membraneuses pectorales et gastro-intestinales. Il faut donc recommander avec mesure l'usage des sensations, des actes de l'intelligence, des fonctions attachées aux branches épinières, vocale, musculaires, générative; et par conséquent, de ne pas trop perdre par la sueur, par la veille trop prolongée; de prendre un sommeil réparateur en rapport avec l'exploitation de la journée; de se livrer avec modération aux mouvements actifs de la marche, de la danse, de la natation, du patin, du chant et de la chasse si avantageuse aux mélancoliques et aux obstrués. D'un autre côté, si je refuse à la classe riche de s'enivrer et de vieillir avant le temps dans le tourbillon des plaisirs qui l'environnent, je proscris avec autant de sévérité trop d'oisiveté et de sommeil qui font languir le sécrétisme gris fondamental. L'équitation, la voiture, la navigation, l'escarpolette, les jeux de mouvements, le jardinage, les voyages annuels, et tant d'autres moyens de tendre la fibre motrice et la pulpe mentale, sont avantageux pour agacer, fortifier, entretenir les rouages tant ganglionnaires que sensoriaux, tant radicaux que troncaux et que branchiaux de notre double existence arboréale.

C'est aussi de ces principes que découlent l'aisance et la normalité des excrétions organiques : 1° de l'urine que retient le plus souvent un spasme phlegmasique des intestins grêles propagé au col vésical ; 2° des selles qui, sous l'avidité trop exploitante des parties supérieures de l'économie (voyez la figure 15), se dessèchent dans le colon et le rectum trop échauffés ; 3° des menstrues qui, vers la puberté, apparaissent sans peine chez les jeunes filles bien constituées, et dont les spiritus gris et blanc rayonnent sans obstacle, sans congestion partielle. Alors le flatus exubérant de cet âge progressif, suivant le trajet de l'arbre sensorial, parvient aux terminaisons florales des ovaires et de la matrice, et par sa stimulation inflammatoire, attire et entraîne du sang superflu, produit par une suractivité d'hématose, de chylification et de sécrétisme fondamental et rachidien. Enfin 4° la parturition, l'écoulement des lochies, la lactation commenceront avec régularité et finiront, de même que les règles à l'âge critique,

par la cessation des spiritus sollicités et provocateurs de
leurs phénomènes. L'esprit médical et hygiénique qui doit
présider à leur disparition insensible, consiste à saisir et
à favoriser la période décroissante du flatus électrique,
qui s'affaiblit de plus en plus pour tarir définitivement,
comme une résolution inflammatoire, sous le retrait et la
limitation de l'expansion nerveuse du rachis troncal ou des
ramuscules adjacents, en rapport avec les organes exécu-
teurs de ces mêmes fonctions temporaires.

Il ne me reste plus à considérer que la classe des percepta; mais elle est immense par son étendue, sa profon-
deur, ses rapports. Elle comprend tout ce qui intéresse
l'homme social, l'homme en famille, et l'homme individuel
lancé dans le tourbillon des villes où il est étranger.

Les hommes réunis par les premiers attroupements originels contre des forces nécessitantes, se sont organisés
par les mêmes lois que celles de la nature. De sorte que la
science qui préside aux phases populaires, peut s'appeler
la physiologie sociale, qui a aussi son hygiène politique.
Et cette physiologie comprend l'état de formation, de
croissance, de perfectionnement, de décadence et de mort
d'une nation.

On sent bien que les passions toutes réductibles à deux
primitives, plaisir, souffrance, expansion, concentration;
que les passions, dis-je, différeront selon ces diverses périodes, de même que les sensations, les idées, les passions,
la raison et le jugement d'un individu varieront, se forti-
fieront et s'annuleront aux différents âges de sa carrière.
Or l'embryonie d'un peuple se compose d'un premier élément, d'un atome actif énergique : c'est Romulus et sa
férocité; c'est Énée et sa confiance dans les dieux, etc.

Les atomes plus ou moins passifs, se disposèrent secondairement autour de ce moteur primordial. De là découlèrent un chef, un roi qui est l'encéphale de l'État; des conseillers qui sont ses idées (*spiritus imagineux*); des généraux, des capitaines, des soldats qui sont ses jambes, ses bras, ses muscles. Voilà la vie de relation d'une société. La vie organique, c'est le peuple sédentaire attaché au sol, sans volonté, travaillant comme des viscères pour nourrir la moelle spino-musculaire, qui la protège à son tour militairement. De là naissent toutes les passions conséquentes d'une telle phase politique. Le roi est autocrate, absolu. C'est le centre de tout l'édifice. Il se dilate le plus; il se crispe, et sur le peuple par les racines pneumo-gastriques du ministère intérieur et de l'administration des finances, de la police, de l'hygiène publique, etc., et sur la milice par la paye, qui est le flatus gris fondamental et alimentaire (contributions), susceptible de se changer en flatus blanc, esprit monarchique, intérêt de servir le roi, amour pour sa personne et les devoirs qu'il impose: d'où dérive une discipline sévère et les mouvements faciles de la locomotion, nécessaires aux opérations de la guerre et à la défense du corps social.

Mais quand le peuple a acquis toute sa consistance, tout son agrandissement, la plénitude résultante force bientôt le bouquet terminal si pur à engendrer quelques colonies, des vices-royautés, un peuple nouveau, soit avec la médulle nervoso-spermatique d'un fils ou d'un parent du prince, soit avec ses meilleurs généraux. Voilà comme d'un simple noyau primitif le globe s'est ensuite, par sécrétisme et par expansion, couvert de peuples consanguins qui se sont accrus et propagés de la même manière.

Mais dans cette époque de développement toutes les

passions sont excentriques : les hommes opèrent des pro-
diges de valeur; la gloire les dilate et centuple leurs forces :
on ne rêve que grandeur, dignité, avenir. Les physiono-
mies sont riantes; un air mâle, des yeux brillants, une
taille avantageuse, de belles proportions musculaires, une
voix sonore, caractérisent les membres de l'État, les fibres
du corps social. Tous les viscères internes, tous les nerfs
gouvernementaux, tous les organes de relation sont dans
une tension, une turgidification correspondante, et toutes
celles fonctions s'exécutent avec énergie, contentement,
santé : ce qui amène par conséquence immédiate l'affermissement de l'autorité royale, l'agrandissement des
idées, de l'imagination, des entreprises du conseil suprême, la force d'innervation de l'armée et ses conquêtes,
et toutes les passions rayonnantes, soit générales soit particulières.

Mais pendant cette adolescence et cette jeunesse natio-
nales, et par la continuité des sécrétismes successifs, il
commence à poindre des changements naturels, des révolutions d'âges, que le philosophe reconnaît malgré l'insensibilité de leur apparition. C'est ainsi que la partie pectorale du peuple, composée des familles les plus riches, les
plus nobles, les plus instruites, cherche à monter au diapason de la cour, de la famille royale; de sorte qu'il s'o-
père une affinité entre elles par les services des unes et la
protection de l'autre. De là l'aristocratie qui tend à s'élever, à envahir les honneurs, les dignités, et même à obs-
curcir l'autorité royale et à se l'approprier soit oligarchi-
quement, soit en grand nombre : d'où naissent de nouvelles passions sociales, soit concentratives, soit expansives.
C'est ainsi que dès lors la tête a moins d'énergie qu'aupa-
ravant; ses volontés moins absolues et moins aisément exé-

8 *

cutées, sont entravées par les alentours qui résistent, qui enrayent par leur crédit, leurs influences, leur révolte; parce que nourrie, engraissée surtout par leur canal financier et leurs largesses séductrices, l'armée musculaire consulte le degré de leur fonction hématosante.

Mais à mesure que cet accroissement de pouvoir devient si volumineux, à mesure que les familles militantes, gouvernementales, administratives, aristocratiques deviennent si nombreuses, le peuple, opprimé jusque-là, est obligé de travailler de toutes ses forces pour nourrir tant de fibres, de rouages, d'organes, de leviers exploitateurs. Alors c'est le règne, l'âge de l'industrie, du commerce, de la richesse nationale, quand il existe un rapport exubérant entre les produits, les revenus organiques et les exigences de la vie sensoriale. C'est pourquoi l'équilibre du ventre, de la poitrine et de la tête de l'État commence à s'harmoniser; et de cet accord résulte bientôt par la réciprocité plus dépendante des besoins nutritifs, un relâchement du pouvoir, de l'aristocratie et de l'armée, que le peuple instruit et riche regarde d'un œil d'égalité et d'indifférence : ce qui, par la prolongation du même état contemplatif et les réflexions philosophiques populaires, engendre les passions de liberté, d'indépendance, si ce n'est de domination, de démocratie, de république! Ce qui arrive fatalement par le cours nécessaire des choses, par l'aisance, la richesse, le bien-être et l'instruction du peuple parvenu au diapason d'une poitrine aristocratique méprisée, et d'une tête moins forte, moins impérieuse, moins exploitante, parce qu'elle est moins saturée que dans l'enfance relativement à la masse à maîtriser et à régir. Alors naissent l'absolutisme du ventre, le gouvernement du peuple et les passions de cette partie viscérale de la société qui veut jouir de son tour de faveur et de domination.

Mais pendant cet âge, pendant ce mode de gouvernement, les poumons s'affaiblissent; la tête perd sa vigueur; les bras, les hommes de guerre, l'armée se relâchent, s'énervent; les bouquets terminaux, les vice-royautés, les colonies, parvenus à leur période d'expansion et de virilité, s'affranchissent de la métropole, et tout tombe bientôt dans la décadence générale, la nation étant sans volonté, en proie aux instigations tiraillantes des parties viscérales internes qui s'enflamment, s'obstruent, se congestionnent, forment des hypertrophies, des conspirations, des ambitions égoïstes qui détraquent le corps, amènent la guerre civile, la fièvre populaire; jusqu'à ce que la nation se retrempe par une secousse encéphalique et ganglionnaire nouvelle, ou bien qu'envahie, démembrée, absorbée, elle perde son existence et son nom, éteinte comme la Pologne, et assimilée par un voisin conquérant, dans la période de développement et de gloire, et qui doit subir les mêmes phases que sa victime pour périr de la même manière qu'elle : d'où résultent les percepta, les actions, les passions, effets nécessaires de ces événements inévitables du cours de la nature, et conséquemment de l'attraction et de l'expansion du sécrétisme des atomes qui président aux phénomènes universels de la naissance, du complet développement, de la reproduction et de la mort. Néanmoins un bon hygiéniste politique peut quelquefois guérir les plaies de l'État, apaiser un malaise, une fièvre, une irritation populaires; donner des conseils de diététique, de gymnastique, de santé publiques. Il peut retremper une nation, lui donner de nouvelles lois, la rajeunir, la fortifier, lui inspirer de la valeur, de l'enthousiasme, la conduire à la gloire !.... Mais s'il est pervers, il peut aussi la vieillir, l'user, l'asservir, la rendre malheureuse et l'avilir : infamie à celui qui n'aime pas sa patrie, et châtiment à quiconque lui nuit !...

De même que les institutions sociales et les rapports des peuples sont la source des passions générales, de même l'éducation et les contacts de la famille engendrent le caractère, les inclinations et les vices des particuliers. Composés d'un sécrétisme extrêmement exigeant en dérivation, les enfants sont essentiellement expansifs, et ont besoin de babiller, de remuer et d'importuner. Alors que de concentrations, que de refoulements spiritueux ne leur cause-t-on pas ! Et cette habitude, en crispant leur sécrétisme gris fondamental, l'obstrue, congestionne leurs viscères, et les rend maladifs, timides, surnois, gloutons, faibles de membres et bilieux. Tandis que les bambins, qui jouissent d'une sage liberté, sont sémillants, un peu bavards, spirituels, gais, alertes, bien portants, et promettent de donner une satisfaction compensative à leur famille indulgente. De sorte que cette concentration et cette expansion du jeune âge font sentir leurs effets sur le reste de la vie ; car c'est d'après ce mode de sculpture que se moulent leur petit caractère, et le jeu des sécrétismes centraux et membraneux qui deviennent aisés ou pénibles d'après ces influences primitives. C'est de là que dérivent tous les penchants postérieurs. L'enfant concentré, s'il se porte au mal, deviendra avare, joueur, voleur, querelleur, meurtrier. S'il se porte au bien, il sera nécessairement mélancolique, trop studieux, enclin aux extases, à des rêves de gloire, d'ambition, à tous les plaisirs solitaires et à la malheureuse masturbation qui le rendra poi-

trinaire, squirrheux, épileptique, maniaque. Que d'individus au visage tiré, jaunes, desséchés, acariâtres, insensibles, ont été élevés ainsi! Tandis que l'enfant expansif
est rarement ennuyé, s'amuse de tout, fait ses devoirs
avec plaisir, et acquiert toutes les qualités des sanguins :
plénitude des formes, vigueur de corps et d'esprit, affa-
bilité, libéralité, émulation, noblesse, succès dans le
monde, etc....

L'étude des percepta, sous le rapport uniquement individuel, consiste dans l'application accidentelle des émanations du tempérament et du caractère formés dans l'enfance. Deux jeunes gens, naturellement expansifs, se rencontrent, et n'émanent de leur encéphale que des crispations mentales aimables et dilatantes pour leur sécrétisme gris fondamental respectif; ce qui engendre leur
amitié spontanée, leur confiance réciproque, leur soutien
et les rapports sympathiques conséquents d'un bon commerce. Mais, au contraire, souvent tel individu, irritable et
impatient, n'endure pas l'expansion mentale un peu trop
forte ou un peu trop lente d'un autre : de là, crispation
de son sensorium, qui réagit dans un rapport peu agréable
et trop impulsif. Sa nouvelle émanation, inconvenable-
ment énergique, va comprimer le rayonnement de son
interlocuteur qui, soulevé à son tour, répond, comme
par angle réflectif, une raison amère sollicitée incidem-
ment par l'agresseur. Celui-ci, plus irrité par cette irruption et le refoulement de son spiritus, veut le dériver, et
ne le peut faire sans aigreur; de sorte que ces leviers divers, turgidifiant les deux sensorium et les deux rachis, il
en peut résulter, par l'impulsion instinctive des sécrétismes gris fondamentaux, l'élévation de la voix, la violence

du regard, des gestes involontaires trop expressifs, la fureur, les coups, ou la timidité, l'excuse, le mépris, la haine, etc., qui tous s'expliquent par l'expansion ou la concentration à divers degrés des flatus blanc et gris dans les divers appareils, soit de relation, soit organiques, où ils peuvent produire des congestions morbides.

L'hygiène philosophique vous apprend donc qu'en ménageant vos émanations plus ou moins pénétrantes, vous influencerez à votre gré les personnes qui vous environnent, ou que vous fréquenterez, et que vous obtiendrez d'elles les marques d'estime, d'affection ou d'indifférence, de mépris, de répulsion, d'après la manière dont vous les impressionnerez relativement : car si vos yeux, votre pose, votre voix sont plus énergiques que le commun des hommes, sans doute ils s'en offusqueront d'abord par l'effet inévitable de votre rayonnement trop impulsif, le cachet ordinaire de la supériorité; mais bientôt ils vous rendront justice de vos intentions philanthropiques et de votre amabilité, en remarquant votre généreuse condescendance qui ralentit le cours naturel si vif, si puissant de votre sécrétisme, pour le mettre au niveau, au diapason, à l'harmonie du leur. Telles sont les considérations que l'hygiène réclame, quand on veut se tenir en santé de corps et d'esprit, et en aménité de rapports avec ses semblables, soit dans la vie privée, soit dans la vie publique, où nous transportent si souvent le tourbillon des affaires, nos devoirs et nos plaisirs.

ANTHROPOPATHIE.

Les sciences antérieures nous ont démontré la nature de l'homme, les lois qui le régissent et les conditions externes qui le conservent. La pathologie, à son tour, nous apprendra comment l'économie devient malade.

La vie consistant dans le sécrétisme radical du rachis gris et de ses dépendances ganglionnaires et membraneuses, et ce sécrétisme radical s'entretenant lui-même par les quatre mouvements fondamentaux de l'attraction cardio-pulmonaire de la respiration alternative avec l'expansion solaire-mésentérique, et de la concentration plexueuse solaire-mésentérique avec l'expansion cardio-pulmonaire, il s'ensuit que ce qui compromet ces fonctions primordiales, et les secondaires de leurs appendices viscéraux, porte une atteinte immédiate à la vie. De plus, ce sécrétisme gris radical, alimentant la greffe de relation, le rachis blanc qui se compose : 1° des sens, 2° du sensorium (pulpe mentale), organe cérébral conscient, 3° du spiritus imagineux, l'assemblage des idées à demeure, 4° de la moelle épinière et de ses rameaux vocaux et musculaires, 5° du bouquet reproducteur ; lesquels organes dérivent le flatus gris par l'expansion attachée à leurs actes dépensiers ; il en résulte que ce qui entrave leurs fonctions émanatoires, compromet la vie, mais déjà moins immédiatement que les quatre mouvements fondamentaux inférieurs. La vigueur de la santé, la force du moi, l'affermissement de la constitution, consistent dans le rapport, l'harmonie, le lien, la facilité du jeu et l'abondance de distillation des deux rachis gris et blanc. Aussi quand on dit vaguement les forces d'un malade, on doit entendre le mode d'action respective des deux sécrétismes supérieur et inférieur, qui s'affaiblissent par leur discordance, quand l'un ne dépense pas régulièrement le flatus fabriqué par l'autre, et qui se fortifient par leur équilibre, quand les dépenses sont proportionnelles aux produits.

Les conditions de la santé sont multiples. Elles dérivent du rapport : 1° des agents externes avec l'économie, soit avec ses quatre mouvements fondamentaux inférieurs, soit avec les dépendances de la vie volontaire ; 2° des fluides animaux, le sang rouge et le noir, la lymphe, la bile, l'urine avec les esprits rayonnants des fibres constitutives de leurs canaux divers et des organes qui les trient ou les éliminent ; 3° des esprits ramusculaires avec les nerfs locomoteurs ou les déférents des ganglions et des plexus, et 4° de ces derniers avec les deux foyers encéphalo-rachidiens, les sources suprêmes de ces esprits, dont le refoulement, parvenant à leur noyau central, sollicite une réaction défensive productrice d'un spasme qu'on a dénommé *irritabilité, contractilité, sensibilité,* tandis que c'est une simple et aveugle *élasticité,* et que la conscience ou sensitivité percevante est uniquement attachée à la pulpe mentale, le moi incarné et fibrifié dans les parois des ventricules supérieurs du cerveau.

Si donc un air malfaisant, un gaz impropre à l'hématose ou l'oppression de l'eau viennent à pénétrer par la trachée-artère et les bronches jusque sur les derniers ramuscules fibrinosés des plexus et ganglions cardio-pulmonaires du rachis gris ; supérieurs à leurs forces élastiques, ils refoulent l'émanation expansive du spiritus gris qui, concentré dans les ganglions dérivateurs, étouffe le rachis dont les efforts impuissants cessent avec l'extinction de son mouvement sécréteur entravé. Telle est la mort organique du noyé, de l'asphyxié. Sa mort animale survient aussi vite par la suspension du sang noir qui, ne pouvant pénétrer par les capillaires spasmodifiés des poumons, stagne dans les cavités droites du cœur, dans les jugulaires, dans les sinus et les réseaux veineux de l'encéphale qu'il engorge, et dont il éteint bientôt le sécrétisme blanc incapable, par sa débile expansion flatueuse, de résister longtemps à son irruption apoplectique.

D'un autre côté, si des ingesta vénéneux sont appliqués sur les appendices terminaux et membraneux des ganglions et plexus solaire-mésentériques, la crispation que les molécules trop expansives opèrent sur l'infériorité des fibres organiques, fait refouler leur spiritus rayonnant que la concentration trop prolongée de ce mouvement fondamental décharge immédiatement sur le rachis gris focal qui, saturé, étouffé, le dérive lui-même élastiquement et électriquement sur les couches blanches de l'encéphale, que cette irruption enflamme bientôt, et porte au délire, aux convulsions, au froid des extrémités, à la paralysie et à la mort. Telles sont les suites de l'empoisonnement, et tels sont en grand les phénomènes extrêmes de toute agression morbide supérieure à la vitalité des deux sécrétismes. L'esprit pathologique qui doit présider à la compréhension de ces lois consiste à ne jamais perdre l'intuition : 1° des quatre mouvements fondamentaux du sécrétisme gris radical; 2° de la nécessité impérieuse de dérivation du sécrétisme blanc impulsé secondairement par le premier; 3° de la correspondance, de l'équilibre, de l'harmonie de ces deux conditions archéales; enfin 4° de l'indispensabilité où sont les dépendances, soit grises, soit blanches, de rayonner par un spasme élastique les flatus rachidiens qui les impulsent postérieurement : sinon leur refoulement sollicite réactivement l'afflux plus considérable de la colonne spiritueuse du ganglion ou du nerf relatif aboutissant, dont l'étouffement ou l'irradiation sans obstacle opprime ou soulage le rachis correspondant. Soit donc pour exemple la lymphe de la transpiration répercutée par le froid. Le resserrement des excréteurs cutanés, enrayant le cours du fluide, le retient dans les canaux ; de sorte qu'il s'opère une stase à une hauteur quelconque de l'arbre lymphatique. Si c'est dans le voisinage des reins, leur appareil attractif s'en charge et l'élimine bientôt par l'urination si promptement consécutive au refroidissement matinal des pieds. Mais si c'est sur la plèvre, cette membrane tamisante dont les pores si délicats, en raison du flatus qui les pénètre, ne peuvent trier qu'une lymphe bien atténuée, étant en contact avec un fluide plus grossier, son rayonnement spiritueux est opprimé sous son agression, et le flatus gris accourt à ce stimulus, sollicite le sang passif de sa présence et entraîné à sa remorque, comme le corps suit l'ombre, comme l'eau obéit à la pesanteur : ce qui produit une inflammation séreuse, c'est-à-dire un afflux de spiritus et de sang qui saturent le fluide concentratif et compromettant pour le cuire, le brûler, le sécréter, le vaporiser, le résoudre, en un mot, le distiller, de manière à pouvoir être résorbé, soit comme la lymphe naturelle, soit comme un liquide moins pur et susceptible d'être absorbé et éliminé par le tissu cellulaire ou les vaisseaux blancs voisins, bien moins difficiles, moins irritables, moins élastiques. C'est à cette explication que toute maladie doit, en général, être ramenée : elles se réduisent à peu près à cette idée-mère. Aussi la thérapeutique tend-elle à dissiper l'obstacle, soit mécanique externe, soit humoral interne qui s'oppose aux rayonnements spiritueux, condition de la santé. Notre pathologie porte donc un cachet propre, un caractère distinctif bien différent du vague, de l'indécision, et de l'aveuglement des pratiques antérieures, dont l'apparent dogmatisme, tout en voulant une base rationnelle, ne s'appuyait que sur des fondements imaginaires et ruineux.

La maladie, pour le sécrétisme animal, a donc pour *cause* un obstacle au rayonnement spiritueux; pour *nature* cet obstacle primitif et l'afflux de fluides électriques, sanguins et lymphatiques qu'il détermine, et qui s'interposent entre sa matière entravante et l'organe obstrué, pour opérer la neutralisation, la fonte, la dissipation de l'une, et ramener l'autre (l'organe) à son rayonnement régulier, à sa dérivation normale. La maladie n'est donc pas une abstraction, un être métaphysique. C'est donc quelque chose de positif, de matériel, d'engorgeant, dont le siége varie par sa hauteur sur l'arbre économique, et par son importance, soit radicale, soit troncale, soit branchiale, soit seulement ramusculaire et foliacée ou membraneuse de l'un ou de l'autre rachis nerveux, qui sont, comme nous l'avons vu, encroûtés de fibrine, d'albumine, de gélatine et de sels, avec lesquels ils se sont originellement mariés pour composer la structure admirable de l'homme.

La maladie causée par la vie en désordre et abandonnée à elle-même, revêt les mêmes phases qu'elle, et parcourt les mêmes périodes de naissance, de développement et de déclin, ou en d'autres termes: 1° de concentration, d'attraction, de germination, de crudité; 2° de sécrétisme, de neutralisation, de saturation, de coction; et 3° d'expansion, de dérivation, de résolution, de crise. La concentration inflammatoire se compose de plusieurs temps: le premier, c'est le refoulement du flatus soit gris, soit sensorial; le second, c'est la réaction de ce flatus élastique dont la colonne électrique par son stimulus attire proportionnellement à sa présence, à sa sollicitation, le sang et la lymphe interposables. Enfin, le troisième embrasse le laps qui s'écoule pendant la saturation spiritueuse et progressive des matières sanguino-lymphatiques attirées. Alors le sécrétisme, la cuisson, la coction a lieu. Le feu-nerveux échauffe les molécules crues, les globules crasses, les dilate, les fait crever, les atténue, les vaporise, les subtilise, les résout; et l'organe malade lui-même ou les voisins dont la spiritualisation est augmentée, éliminent les molécules digérées, sécrétées, c'est-à-dire animalisées, qui sont pompées par les lymphatiques et évacuées par les urines, les sueurs, les selles. Les jours critiques du grand Hippocrate sont fondés sur la scrupuleuse observation du temps le plus ordinaire indispensable à cuire et à repousser l'agglomération humorale morbide, qui le fait varier plus ou moins aiguëment selon son degré d'intensité, sa nature atonique, la constitution individuelle, etc. De là les jours pairs et impairs du praticien grec, que le climat, les habitudes, le régime et les influences de sa patrie lui avaient fait reconnaître et proclamer; mais que le philosophe familiarisé aux lois de la vie, à la connaissance du sécrétisme, ne peut regarder comme absolus, quoique pourtant plus ou moins probables, d'après la force opérante du feu-nerveux, du *faciens impetum* provoqué, et de sa réaction sur les autres fonctions soit fondamentales, soit secondaires. Car il ne faut jamais perdre de vue les rapports que les parties ont entre elles, et le *consensus* général qui les fait correspondre par les décharges diverses du spiritus gris que les obstacles locaux précipitent, je ne dirai pas sympathiquement, mais électriquement et par continuité de structure, sur des organes plus ou moins éloignés, susceptibles de se révolter par ce surcroît de spiritualisation à dériver, surtout quand ils ont déjà une activité superlative occasionnée par les faveurs accidentelles de l'âge, du tempérament, du sexe, des professions, etc. Voilà le génie pathologique qui doit présider à l'étude des affections et à l'exacte compréhension des symptômes qui ne sont que les vêtements de la maladie, les signes apparents impulsés par les esprits anormalement sollicités.

Parmi ces symptômes les principaux sont tirés des sources de la vie, de sa matière constitutive, et comprennent 1° la chaleur, l'électron, le flatus intégrant du rachis gris, exécuteur des quatre mouvements fondamentaux de la respiration et de la plexuation du ventre, ainsi que des phénomènes du pouls, lequel est effectué par le flatus gris, saturateur des artères, dont les parois avec son aide font rouler le sang sous son attraction et son expansion alternativement dépendantes du quadruple jeu fondamental; 2° la sensibilité de la pulpe mentale impulsée par le précédent et déterminant les diverses sortes de douleur, tiraillement, chatouillement; 3° le flatus blanc locomoteur qui turgidifie les névrilèmes nerveux et musculaires sous la crispation sensoriale, et produit tous les modes de mouvements, les ordinaires et les irréguliers parmi lesquels se trouvent la vigueur surprenante des phrénétiques, l'impétuosité des maniaques, les convulsions, les diverses attitudes, l'expression de la physionomie, la fatigue, la défaillance, l'anémie, etc. Les symptômes secondaires dérivent des excrétions, de la couleur, de l'odeur, de la forme, etc.

Les signes ne sont autre chose que l'indication que le médecin tire, au moyen des phénomènes externes, de ceux qui émanent directement de la vie et de ses quatre conditions alternatives. Aussi, s'il est bon observateur et exercé à nos connaissances, il saura apprécier le degré de distillation du lampadisme gris qui réfléchit son énergie ou sa débilité sur le lampadisme de relation, le miroir mobile, le tableau parlant, l'imitateur automatique du ressort suprême.

Par les signes le pathologiste lira dans les lois de la vie dérangée, estimera son désordre, saura où se porteront les esprits dévoyés par l'obstacle nuisible. Et inspiré dogmatiquement ou plutôt impulsé par la rationalité de sa science, sa thérapeutique sera aussi sûre que salutaire, et son pronostic aussi oraculeux que la certitude du mal. Qui eût dit que la médecine devait parvenir à ce point de splendeur, à cet état de clairvoyance, où les rouagesl es plus mystérieux de notre être et ses écarts les plus obscurs sont dévoilés par le philosophe sécrétique, par sa pénétration inductive, à l'aide du système que je proclame et que l'esprit le moins versé dans l'étude de l'univers, reconnaît, avec évidence, fondé sur la réalité la plus positive et la vérité la plus scrupuleuse. Honneur donc et succès à mes partisans; leur pratique favorable, leurs cures heureuses les élèveront à la gloire et à la fortune que procurent toujours une philanthropie éclairée et la reconnaissance publique!

Comme la physiologie est la base de la pathologie, pour apprécier le siége et la force de l'affection, il faudra suivre le cours de ses lois dans l'interrogatoire qu'on fait subir au malade. C'est ainsi que pour évaluer le désordre du rachis gris: 1° on scrutera ce qui se passe sur les ramuscules qui se terminent en épanouissements foliacés, en réseaux membraneux depuis la bouche jusqu'à l'anus. On y trouvera quelques points douloureux, spasmodifiés, grossis, qui révèleront un refoulement de spiritus, cause d'inflammation, d'engorgement, de tuméfaction, de rétraction, d'afflux d'humeurs mucoso-pancréatiques, sanguino-spléniques, bilioso-hépatiques, d'où naîtront les phénomènes secondaires de l'acuité, de la sécheresse, de la saleté de la langue; de la soif, de l'anorexie, malacie, boulimie; des nausées, des vomissements divers; de la constipation, des vents, des diarrhées différentes, etc.; tous symptômes effectués par la réaction du flatus gris opprimé, et qui tend à dissiper, neutraliser, fondre, résoudre, éliminer l'obstacle morbifique, d'où résulte la matière que jadis on appelait *peccante*, mais que nous regardons comme une enveloppe humorale salutaire contre les oppressions mécaniques, et toujours le produit secondaire et passif d'un premier stimulus, la concentration spiritueuse. Nous sommes donc bien éloignés, et de ces ontologistes bornés qui regardent la maladie comme une entité fluide, irrégulièrement incrustée sur un organe, ou incorporée dans sa texture qu'elle gêne sans savoir comment; et de ces pathologistes abstraits qui rejettent toute idée de matérialité pour s'en tenir à l'expression vague, charlatanique et abusive d'irritation métaphysique. Pour nous, la maladie consiste dans le refoulement du rayonnement flatueux des rachis sécréteurs. Les organes ne sont que les canaux de l'émanation. Quand les pores se ferment, la *machine à vapeur* animale s'embrase, étouffe et dérive son esprit concentré, ou directement sur le mal, ou indirectement par des réactions, des décharges, sur les racines sensuelles, sur le tronc mental et sur ses ramifications épinières vocales, musculaires ou génératrices convulsées. Il est donc de toute importance de fixer son attention et son investigation sur l'immédiatité centrale de la vie, audace et découverte qu'on n'a jamais tentées jusqu'à cette époque médicale solennelle!

2° Après l'inspection du grand canal bucco-anal, un dérivateur membraneux de l'expansion grise du sécré-

tisme fondamental, le praticien doit interroger l'arbrisseau des chylifères depuis ses racines duodénales, jéju-
nales et surtout iléales qui sont le plus souvent affectées,
jusqu'à son tronc et son abouchement à la sous-clavière
gauche. De là il passera au cœur droit et aux poumons
dont les parties nerveuses émanent encore élastiquement
le flatus gris rachidien. Ce qui 3° fournira par l'ausculta-
tion les divers bruissements et palpitations de l'oreillette
et du ventricule veineux, et les variétés si nombreuses de
la respiration souvent enchaînée par la plexuation du
ventre, la cause multiple de sa fréquence, de sa rareté,
de sa grandeur ou de sa petitesse, de sa vitesse ou de sa
lenteur, de son irrégularité, de son intermittence, de son
interruption, de la dyspnée, de la suffocation imminente,
des soupirs, des sifflements, des râles qui peuvent appartenir cependant à l'affection propre des organes pecto-
raux, également producteurs d'une foule d'autres symptômes notables. 4° On passera à la considération de tout
ce qui se rattache à la circulation artérielle, aux batte-
ments de la moitié gauche du cœur, et même du cœur entier, au choc des artères, et principalement au pouls,
l'indicateur de la force impulsive du flatus gris des ramuscules ganglionnaires et plexueux qui, naissant médiatement du rachis correspondant, vont se perdre et s'épa-
nouir dans les artères dérivatrices et rayonnantes. C'est
leur rayon qui, en frappant alternativement la colonne
sanguine, par l'attraction et la répulsion inhérentes au
sécrétisme inférieur, la fait avancer avec une force proportionnelle qui donne la mesure de l'énergie fondamentale du mouvement vital, de la primordialité sécrétante.
Aussi toutes les modifications du jeu artériel sont les indices des phases centrales de l'expansion grise, qui trahit

son oppression, son étouffement, l'état inflammatoire de l'économie par la vitesse du pouls, par sa raideur, sa tension, sa dureté, son serrement, sa force, son inégalité, sa confusion ; et qui nous insinue la détente, le relâchement, le retour du rayonnement entravé par son ondulation, son égalité, sa modération ; tandis qu'il indique la faiblesse de la vie par son décroissement, sa lenteur, sa débilité, et fait augurer la mort prochaine par sa dépression, son imperceptibilité. Mais il ne faut pas confondre avec ces cas pathologiques les 140 pulsations normales et par minute du nouveau-né, les 80 du pubère, les 75, 70, 65 des adultes, les 60, 55 ou 50 du vieillard, les marques de la rapidité temporaire du mouvement sécréteur et de sa diminution progressive, déterminante de ces phénomènes.

Les notions qu'on aura retirées des symptômes aperçus jusque là, inspirent le rhythme et l'état de la vie, appréciables encore 5° par la chaleur de la peau toujours relative au rayonnement du flatus gris, qui est, comme nous l'avons dit dans nos prolégomènes, la chaleur animale en essence, dont il donne la sensation par ses irradiations impulsives à travers les pores obstaculaires et tamisants du derme, où il produit encore les variétés de la transpiration. Aussi puise-t-on de grands secours diagnostiques dans l'évaluation de ses caractères : la sécheresse, l'âcreté, la mordication, l'halituation, signes de l'accumulation spiritueuse ; le frisson, l'horripilation, le froid glacial, les indices de sa diminution souvent seulement circonférencielle, tandis que l'intérieur est embrasé.

Il est entendu que dans ces considérations, on ne négligera pas les exhalations intestinales, pulmonaires, cutanées, et les excrétions salivaires, pancréatiques, biliaires, rénales, etc., qu'on rencontrera dans le cours de l'examen symptomatique qui comprendra leur couleur, leur consistance, leur nature, etc. Après quoi on passera 6° à l'inspection des sens et de leurs excrétions organiques comme les larmes, le mucus nasal, le cérumen ; et de leurs fonctions perceptives auxquelles se rattachent la perversion, l'abolition, l'exaltation de la vue, de l'ouïe, de l'odorat, du goût, du tact, dont la cause, le flatus blanc rachidien, produit par son refoulement toutes les espèces d'impressions et de douleurs, depuis la démangeaison jusqu'aux tiraillements les plus atroces. 7° On observera minutieusement l'état de la pulpe mentale et de son spiritus imagineux ; on étudiera son atteinte, son trouble, ses inquiétudes, ses illusions, son délire, sa stupeur, sa faiblesse, son anéantissement syncopal, son exaltation, son insomnie ; phénomènes qui s'expliquent tous par son enchaînement au rachis gris maîtrisateur, sous l'effet d'une concentration plus ou moins violente, ou de l'impulsion de son flatus gris, sous les décharges impétueuses de sa dérivation. D'où résultent encore les considérations de l'arbre épinier, l'esclave, la victime des réactions du sensorium, et l'exécuteur passif des manifestations maladives de la voix, du mouvement et de l'appareil générateur. Aussi, 8° s'enquerra-t-on des inflexions, des cris, de la loquacité, raucité, acuité, altération, faiblesse, suspension, paralysie de la voix, la soupape du rachis blanc, le thermomètre de sa plénitude, l'indicateur de sa dérivation. Aussi, 9° s'informera-t-on de la force, de l'involonté, de l'harmonie, de la discordance, de la diminution, de l'impuissance des mouvements, les radiateurs torpilléens du flatus sensorial. Enfin, 10° n'omettra-t-on point tout ce que pourra présenter d'important le bouquet terminal, destiné à évacuer le superflu, non pas spiritueux et électrique comme les précédents, mais fluide et médullaire du tronc blanc procréateur.

L'habitude de cet examen successif apprendra bientôt à le faire promptement, à négliger ce qui est inutile, et à tomber heureusement sur les signes principaux et diagnostiques de la maladie recherchée, qui se dévoilera par la certitude de cette méthode dans toute son étendue et ses rapports.

On reconnaît donc dans ces explications l'arbre économique du sécrétisme gris primitif, et du secondaire, le blanc supérieur et sensorio-locomotif. A leurs troncs rachidiens s'adaptent, par les nerfs, des appendices fibrineux, albumineux, gélatineux et osseux qui les terminent comme des feuilles, des fleurs et des fruits : les divers organes, muscles, membranes, glandes, etc. Eh bien, c'est par leurs fibres viscérales, leurs aréoles constitutives que le feu-nerveux, fabriqué focalement, rayonne sans cesse pour dériver la dissolution électrique des aliments. Si donc des contacts oppresseurs viennent à intercepter le cours des irradiations, il en résulte une réaction divergente de la colonne flatueuse des plexus et des ganglions, ou des névrilèmes blancs conducteurs de l'esprit sensible cérébral. Ce qui produit stimulamment une congestion inflammatoire, qui intéresse moins l'organe lui-même que le sécrétisme entier, affecté à la moindre atteinte refoulante. Il est donc philosophique dans toute maladie, de considérer le centre de la vie, de le décharger, de le dériver, de le désobstruer par les pores saisis de phlogose. On y réussira par deux moyens, la médication générale et la locale ; ce qu'il ne faut jamais perdre de vue dans l'acuité comme dans la chronicité. Car cette dernière est de même nature que l'autre, sinon que la violence centrifuge contre l'obstacle est moins impétueuse, quoique toujours permanente; et que l'organe, impulsé depuis longtemps par des irradiations comprimantes, cause d'afflux de sang et de lymphe, s'est plus ou moins épaissi, engorgé, durci, brûlé par leur assimilation : ce qui a diminué sa vitalité relative, dès lors incapable de les résoudre; ce qui a dénaturé son tissu et l'a prédisposé au squirrhe, au cancer, l'absence de tout sécrétisme, de toute transmission électrique, de toute tamisation nerveuse, la cause de la décomposition, putréfaction, gangrène, fonte ulcéreuse des fibres déspiritualisées.

Il n'est pas moins important aussi de se rendre compte de la périodicité de certaines maladies, et notamment des accès fébriles, problème qu'on n'a pas encore résolu, parce qu'on ne l'a pas rattaché aux actes physiologiques analogues, comme le flux menstruel, le besoin du coït, le désir de manger, etc. La faim arrive chaque fois que les esprits électriques des aliments, ayant passé par le cercle des fonctions, sont entièrement élaborés, et turgidifient les rachis gris et blanc qui les dépensent. C'est pourquoi il en reste un stimulus suffisant transmis par les ganglions à leurs rameaux déférents, aux muqueuses digestives, qui donnent par les racines pneumo-gastriques le sentiment du vide et de la consommation des deux sécrétismes : ce qui sollicite des matériaux électriques réparateurs. De sorte que leur ascension, par le cours progressif des ressorts fonctionnels, les fait parvenir aux deux rachis où ils produisent périodiquement la faim. C'est le même effet pour les règles de la femme. Sa moelle épinière blanche, sécrétant à un certain âge plus d'esprits qu'elle n'en consomme, enivre la terminaison florale ovarienne et utérine d'un nuage spiritueux qui la sature, et stimule le sang esclave du feu-nerveux, comme l'ombre suit le corps, comme l'eau obéit à la pesanteur. De là la sécrétion hémorrhagique mensuelle de la matrice, et la raison d'un phénomène périodique qui nous étonne, et qui trouve son explication si naturelle dans la fabrication temporaire d'une dose d'esprit suffisante pour opérer cette inflammation passagère.

La *fièvre*, symptôme attaché à un obstacle concentratif et solliciteur d'une réaction flatueuse, doit son *intermittence* à l'habitude des chylifères qui en sont le siége, d'entrer en action élastique, en fonction charroyante aux époques périodiques de la journée; et de recevoir, des rameaux plexueux aboutissants, la dose d'électricité grise, propre à leur entretien et à leur opération. De sorte que cet afflux alimentaire, en s'adjoignant à un spiritus déjà morbidement accumulé, y suscite une concentration de forces et une exaltation d'action productrices de la pyrexie, dont le nom si originel fait depuis longtemps soupçonner la nature vitale de sa cause efficiente.

J'en dirais autant des manies, des épilepsies, des mélancolies susceptibles de réapparaître au retour du printemps ou de l'automne, de l'été ou de l'hiver. Car les influences d'atmosphère, de régime, des occupations, capables de résoudre la maladie, la dissipent par leur présence, mais souvent la rappellent par leur disparition. De sorte que les organes, impressionnés et nourris par des circumfusa et des ingesta malfaisants, se morbifient de nouveau par la concentration du flatus intégrant, que l'expansion attachée à des circonstances avantageuses rend à la dérivation et à la liberté, condition physiologique d'un rétablissement complet. Les diverses parties de notre être arboréal ressemblent donc à ces rivières qui s'emplissent et débordent à certaines époques de l'année ; aux végétaux qui forment des fleurs et des fruits par l'impulsion saisonnale de la chaleur ; au globe lui-même dont les zones reçoivent alternativement les bienfaits inconstants du sécrétisme solaire. Ces analogies de l'homme et des parties ramusculaires de la nature prouvent encore la réalité de notre doctrine dont la vérité resplendit aussi vivement que la clarté du jour. Ce sera donc au feu-nerveux, émané des rachis centraux, qu'il faudra recourir pour l'explication de tous les phénomènes soit physiologiques, soit pathologiques, et même thérapeutiques. La commune mesure s'adapte à tout, et il n'est plus d'énigme philosophico-médicale.

Avec ces précieuses données, nous pouvons passer à la nosologie, et classer les maladies d'après l'ordre ascensionnel que leur siége occupe sur l'arborisme économique : l'anatomie sécrétique en sera donc toujours la base fondamentale. C'est ainsi que la première classe comprendra les affections du rachis gris, la deuxième celles du rachis blanc, la troisième celles de l'arbre artériel, la quatrième celles de l'arbre veineux, la cinquième celles des lymphatiques d'élimination, et la sixième celles du système lymphatique de fondation ou d'assimilation absolue. Représentez-vous d'ailleurs les figures 3, 4, 7, 11, 13 et 14 telles qu'elles ont été décrites.

Première Classe. — A bien dire, le *rachis gris* comprend toutes les maladies nerveuses qui n'ont pas pour origine les rameaux de relation, et, par conséquent, celles qui constituent la trame intrinsèque de tous les autres systèmes où ses filets pénètrent en diverses proportions. Mais comme les fibres artérielles, veineuses et lymphatiques, constituent des arbres particuliers et isolés, nous leur rapporterons celles qui les affectent spécialement; ce qui nous paraît une base nosologique assurée. Cependant il ne faut pas oublier que, quelles que soient les maladies, elles ne sont pas uniquement inhérentes à telle ou telle partie, à tel réseau, mais que le plus souvent elles intéressent des membranes et des viscères constitués à la fois par les quatre arbres, nerveux, artériel, veineux et lymphatique mentionnés. C'est pourquoi notre nomenclature se fondera principalement sur les parties qui en paraissent le siége le plus direct.

Le rachis gris peut être atteint 1° dans ses racines et terminaisons muqueuses, 2° dans ses plexus et ganglions, et 3° dans son tronc lui-même.

Premier genre. — Racines et terminaisons muqueuses. — Il embrassera l'ophthalmie, l'otite, l'ozène, le coryza, la gencivite, les aphthes, la phlegmasie du voile du palais, la glossite, l'angine gutturale, la pharyngite, l'œsophagite, la cardialgie, la pyrosis, la gastrite, l'exaltation nerveuse du pylore, la duodénite, la jéjunite, l'iléite, la cœcite, la colite, la rectite, maladies plus ou moins capables de produire les subséquentes, comme la pyrexie, l'hématémèse, la douleur, le désordre des sens, de l'esprit et du mouvement, le cauchemar, la boulimie, les coliques, la diarrhée, la dyssenterie, la constipation, le cancer, les hémorrhoïdes, et tant de phénomènes purement symptomatiques, tels que les fièvres bilieuse, ataxique, putride, la peste, la fièvre jaune, l'hydrophobie, le scorbut, le choléra, etc.

Deuxième genre. — Plexus et ganglions. — Sera formé

par la syncope, la lipothymie, les indices de l'affaiblissement de leur sécrétisme; par les palpitations nerveuses,
marques de leur exaltation et de leur plénitude; par les
spasmes viscéraux, symptômes de leur réaction partielle;
par l'asphyxie, où le plexus cardio-pulmonaire n'absorbe
plus par la respiration les éléments atmosphériques de son
flatus vital; par l'asthme, qui consiste dans la réaction
difficile du plexus pulmonaire dont le jeu est enchaîné par
la supériorité concentrative des plexus abdominaux, etc.

Troisième genre. — Tronc gris rachidien. — Il s'affecte
le plus souvent consécutivement aux inflammations aiguës
et lentes de ses appendices membraneux qui excitent ses
réactions sous la forme : 1° *fébrile*, preuve purement symptomatique de sa plénitude et de sa résistance expansifère
contre les obstacles concentratifs; 2° *adynamique*, où il est
embrasé et absorbe tous les esprits du corps, ce qui rend
inerte l'arbre sensorio-locomotif; 3° *ataxique et convulsive*, où il impulse désordonnément et irrésistiblement
le flatus de relation; 4° *soporeuse et apoplectique*, où sa
stimulation attractive centrale détourne le sang rouge
de l'encéphale que le fluide veineux engorge et envahit;
5° *phthisique* même, par l'épuisement graduel de son mouvement sécréteur, dont l'extinction définitive produit la
mort générale.

DEUXIÈME CLASSE. — Le *rachis blanc* se morbifiera comme
le gris : 1° dans ses racines sensuelles, 2° dans sa tige en-
céphalo-épinière, 3° dans son bouquet terminal et reproducteur, et 4° dans son feuillage cutané enveloppant.

Premier genre. — Sens. — Strabisme, héméralopie,
amaurose, nyctalopie, cécité, surdité, perte de l'odorat
et du goût, certaines illusions perceptives, etc.

Deuxième genre. — *Tronc blanc encéphalo-rachidien.* — Se divise en deux sous-genres, 1° mental, 2° moteur.

Premier sous-genre. — *Mental.* — Folie, manie, mélancolie, hypochondrie, céphalite, somnambulisme, extase, idiotisme, hallucination, démonomanie, lycanthropie, etc., affections qui ont souvent leur cause dans l'altération, la révolte, la dérivation, l'impulsion contre nature du sécrétisme gris fondamental et de ses esprits.

Second sous-genre. — *Moteur.* — Embrasse 1° les anomalies de la voix, 2° de l'épine dorsale, 3° de ses rameaux.

Première espèce. — *Vocale.* — Aphonie, raucité, mutisme absolu, bégaiement, coqueluche, qui est une réaction convulsive des nerfs laryngiens sous une concentration inflammatoire des appendices membraneux nervoso-sanguino-lymphatiques du canal respiratoire.

Deuxième espèce. — *Épine dorsale.* — Siége primitif du tétanos, de l'épilepsie, de la catalepsie, des convulsions, de la danse de Saint-Guy, de la consomption, du ralentissement du sécrétisme blanc, cause et effet de l'épuisement, du tarissement des organes génitaux, des paralysies partielles, de l'anémie accidentelle et de vieillesse, des tremblements, etc.

Troisième espèce. — *Rameaux blancs épiniers.* — Névralgies, insensibilité, immobilité, spasmes, tics, sections, brûlures, contusions, etc.

Troisième genre. — *Bouquet terminal et reproducteur.* — Siége de l'anaphrodisie, de la dyspermasie, du satyriasis, de la nymphomanie, de l'hystérie, du priapisme, du squirrhe des testicules et des ovaires, de la métrite, leucorrhée, vaginite, cancer utérin et mammaire, stérilité, impuissance, etc.

Quatrième genre. — *Peau enveloppante.* — Se partage

en deux espèces : 1° peau proprement dite, et 2° système pileux.

Première espèce. — *Derme.* — Érysipèle, anthrax, ulcération, brûlure, gangrène, etc.

Seconde espèce. — *Système pileux.* — Teigne, plique, chute des cheveux, renversement des cils, arrachement des ongles, etc.

TROISIÈME CLASSE. — *Arbre artériel.* — Divisible en affections : 1° de ses racines pulmonaires, 2° du cœur gauche et de sa tige, et 3° de ses terminaisons ramusculaires.

Premier genre. — *Racines pulmonaires.* — Péripneumonie, pneumonie, phthisie ulcéreuse, hémoptysie, qui peuvent être aussi veineuses.

Deuxième genre. — *Cœur gauche.* — Dilatation, hypertrophie, rupture, cardite, palpitations qui sont ou mécaniques ou nerveuses. Les mécaniques proviennent ou d'un fluide pulmonaire épanché, ou de la pléthore, ou du ballottement tactile du colon rempli de matières fécales comme chez les constipés, les hypochondriaques, etc., ce qui simule l'anévrisme. Les palpitations nerveuses sont actives ou passives : actives par la trop grande susceptibilité de sa membrane interne, ou comme nous l'avons dit, par la turgescence électrique du plexus cardiaque qui l'impulse avec trop d'énergie; et passives par la soustraction de son flatus qu'usurpent, qu'exploitent, que soutirent anormalement les centres albo-gris encéphaliques, les actions mentales et imagineuses, la plexuation du ventre, exaltés et trop avides chez les nerveux, les enthousiastes, les enflammés.

La tige et ses rameaux sont aussi susceptibles d'élargissements, d'amincissements, de déchirements et même de palpitations qui surviennent surtout dans la région des phlegmasies, parce que le feu-nerveux du rachis gris, réagissant contre l'obstacle concentratif, enivre de ses bouffées défensives tous les organes du voisinage, parmi lesquels se trouvent les artères alors surspiritualisées.

Troisième genre. — *Ramuscules artériels.* — Comprenant autant d'espèces que de modes de terminaisons : 1° artérioles digestives qui aident à former la muqueuse générale, et constituent presque à elles seules la couche musculaire adjacente; 2° artérioles épanouies dans la pie-mère, ou finissant les carotidiennes et les vertébrales; 3° artérioles pelotonnées dans la thyroïde et la rate; 4° artérioles fasciculées dans tous les muscles de relation; 5° artérioles du bouquet reproducteur; 6° artérioles du réseau capillaire sous-cutané.

Première espèce. — *Artérioles muqueuses.* — Leurs maladies se confondent avec le premier genre de la première classe. Elles sont en outre le siége de l'épistaxis, de l'hématémèse, de l'hématurie, etc.

Deuxième espèce. — *Pie-mère et terminaisons carotidiennes et vertébrales.* — Peuvent causer certaines céphalalgies par plénitude ou compression, et des apoplexies par rupture ou exhalation sanguine.

Troisième espèce. — *Thyroïde.* — Goître. — *Rate.* — Engorgement, splénite. Leurs affections résultent le plus souvent de la plénitude artérielle générale ou d'érections vitales voisines.

Quatrième espèce. — *Muscles.* — Comprenant leurs rhumatismes, le torticolis, la pleurodynie, le diaphragmatis, le lumbago et leurs lésions chirurgicales, la meurtrissure, la section, la brûlure, etc.

Cinquième espèce. — *Artérioles du bouquet reproduc-*

teur. — Produisant la ménorrhagie et l'aménorrhée, le plus souvent par excès ou défaut de spiritualisation.

Sixième espèce. — *Artérioles de la peau.* — Siége de la rougeole, de l'affection miliaire et du zona.

Quatrième Classe. — *Arbre veineux.* — Se composant des affections 1° du chevelu cutané, 2° de ses racines plus considérables, 3° de son dégorgeoir hépatique, 4° de son tronc cardiaque, 5° de ses terminaisons pulmonaires.

Premier genre. — *Chevelu veineux cutané.* — Cyanose, scarlatine, ecchymose.

Deuxième genre. — *Racines veineuses.* — Dilatations variqueuses internes ou externes, hémorrhagies passives le plus souvent symptomatiques, etc.

Troisième genre. — *Système de la veine-porte comprenant le foie.* — Plénitude des veines hémorrhoïdales et des viscères où elles serpentent, concrétions biliaires, éjaculations de bile imparfaite, sa rétention, ictère, hépatite, embarras, abcès du foie, endurcissement, squirrhe, kyste, mélanose, stéatôme.

Quatrième genre. — *Tronc droit cardiaque.* — Passible d'anévrisme par amincissement, de palpitations, d'affaiblissements valvulaires, d'abouchement avec les cavités gauches, cause de la maladie bleue.

Cinquième genre. — *Terminaisons veineuses pulmonaires.* — Peuvent participer aux mêmes affections que les racines artérielles.

Cinquième Classe. — *Arbre lymphatique.* — Partie d'élimination. Représentée par la figure 13, cette moitié ascendante du système lymphatique embrasse les affections 1° des racines chylifères, 2° des absorbants cutanés, des lymphatiques purs et de leurs ganglions, 3° du tronc péricardien dégénéré, 4° de la tige incorporée dans la deuxième tunique des artères, 5° du premier canal de dérivation laryngo-trachéo-bronchial, 6° de leur deuxième canal, l'appareil réno-uretéro-vésico-urétral, 7° des excréteurs cutanés.

Premier genre. — *Racines chylifères.* — Elles sont le siége du carreau et, ce qui n'a pas encore été soupçonné, des fièvres intermittentes qu'on guérit le plus souvent, ou directement par des émollients expansifères, ou indirectement par dérivation stimulante, en appelant sur les intestins à l'aide du quinquina et des autres amers, le feu nerveux morbide et concentré dans la membrane où les spongioles chyleuses trop spiritualisées.

Deuxième genre. — *Lymphatiques et ganglions.* — Congestions indolentes, scrophules, atonie, œdème, hydropisie générale.

Troisième genre. — *Péricarde.* — Inflammation, hydropisie, dessèchement, adhérence.

Quatrième genre. — *Tige lymphatique confondue avec la deuxième tunique artérielle.* — Ossification, rupture.

Cinquième genre. — *Canal laryngo-bronchial.* — Laryngite, bronchite, phthisie laryngée, suffocation par obstacle mécanique qui nécessite une section, tubercules pulmonaires, vomiques.

Sixième genre. — *Appareil réno-vésical.* — Néphrite, cystite, calculs, rétention, incontinence d'urine, rétrécissement de l'urètre, blennorrhagie, paralysie vésicale, etc.

Septième genre. — *Excréteurs cutanés.* — Éruptions lymphatiques, pemphigus, gale, dartres, croûtes, etc.

Sixième Classe. — La partie d'assimilation absolue du

système lymphatique embrasse les affections : 1° du tissu cellulaire, 2° des glandes, 3° des membranes séreuses, 4° des gaînes fibreuses, des aponévroses, tendons, cartilages, capsules synoviales, périoste, enfin 5° des os.

Premier genre. — *Tissu cellulaire.* — Phlegmon, endurcissement, ulcération, gangrène.

Deuxième genre. — *Glandes.* — Inflammation, induration, atonie, engorgement, abcès, cancer des lacrymales, parotides, pancréas, prostate, etc., qui terminent les vaisseaux blancs, implantés inférieurement dans les muqueuses.

Troisième genre. — *Membranes séreuses.* — Formées aussi par les lymphatiques, dont l'épanouissement a constitué des poches sans ouverture emprisonnant les parties principales des trois arbres nerveux, artériel et veineux ; elles comprennent l'arachnoïdite, la pleurésie, la péritonite, l'inflammation de la tunique vaginale ; et sont le siége des divers épanchements aqueux, tels que l'hydrocéphale, l'hydrorachis, l'hydrothorax, l'ascite, l'hydrocèle, etc.

Quatrième genre. — *Gaînes fibreuses, aponévroses, tendons, ligaments, cartilages, capsules synoviales, périoste.* — Renferme la goutte, certains rhumatismes, l'ankylose, les concrétions tophacées, le panaris, l'infiltration, le gonflement, l'ulcération, etc.

Cinquième genre. — Enfin les *os* sont susceptibles de ramollissement, de fracture, de luxation, d'inflammation, de nécrose, etc.

Tel est le cadre nosologique conséquent de ma doctrine. Il étonnera sans doute les praticiens par la confusion ou l'éloignement des affections différentes ou semblables. Mais cette nomenclature n'est pas fondée sur la nature des maladies qui est partout la même, puisqu'elles ne diffèrent que par le degré de spiritualisation, ou par la période de concentration inflammatoire, de saturation ou cuisson électrique, et d'expansion résolutive ou éliminatoire. C'est pourquoi tous les tissus étant affectés de la même manière, mais réagissant plus ou moins selon la matière nerveuse de leur structure, on ne doit pas baser la nosologie sur l'essence des affections partout homogènes, mais bien sur le siége ascensionnel qu'elles occupent diversement sur la hauteur multiplement arboréale de notre économie. Cette idée m'appartient donc en propre, non-seulement comme novation, mais encore comme induction directe de ma doctrine, le *sécrétisme animal*, fondé sur la distillation des deux rachis blanc et gris, et de leurs ramifications et terminaisons, soit cordonniformes, soit spongioleuses, soit viscérales, soit glandulaires, soit membraneuses, etc. Le lecteur sentira la force de cette vérité, quand il saura en apprécier les conséquences philosophiques. C'est ainsi que, depuis Hippocrate jusqu'à nous, la maladie a semblé appartenir en propre à l'organe apparemment lésé. C'est un travers, une demi-vue, une myopie; car c'est sur le sécrétisme fondamental inférieur, et par réaction sur le sécrétisme secondaire supérieur, que la lésion porte son influence majeure et compromettante, sans quoi l'on ne mourrait jamais prématurément. De sorte qu'on ne doit plus considérer les obstacles refoulateurs des spiritus gris et blanc, que comme des inconvénients à la distillation et à l'expansion générales par l'entrave d'un rameau, d'une feuille, d'un fruit d'un arbre. Car le flatus de cet arbre comprimé, enivré, saturé, étouffe le tronc qui reporte son électricité si divergente sur des organes plus ou moins éloignés pour en dériver le superflu. C'est de là que naissent les divers symptômes conséquents de la réaction centrale du sécrétisme primitif, du rachis fondamental; symptômes érigés ignoramment en affections précises, en entités spéciales, en individualités morbides, comme la fièvre, l'inflammation, l'hémorrhagie, la névrose, et leurs divers aspects, le marasme, l'ataxie, l'adynamie, l'épilepsie, la mort apparente, etc., tous résultats du mode d'entrave, d'appauvrissement ou d'ivresse des sécrétismes, soit troncaux, soit seulement ramusculaires et viscéraux. C'est donc dire que le pathologiste dans toute affection, et quel qu'en soit le tissu, doit porter toute son investigation et sa sollicitude sur la vie elle-même, sur ce mystère dévoilé, sur la distillation et l'expansion grises rachidiennes et blanches sensorio-épinières, dont les modifications, susceptibles de prendre mille nuances, offrent par elles les indices de l'atteinte générale, de la grandeur du danger, de l'anéantissement plus ou moins prochain du mouvement sécréteur, ou de l'espoir de rallumer le flambeau vacillant et affaibli.

Ce mode de considérer l'homme malade est comme un éclair philosophique. Il fera attacher moins d'importance à ce qui depuis vingt-quatre siècles occupe tous les esprits médicaux, les affections externes et partielles des organes, pour reporter les recherches profondes de la séméiotique sur les phénomènes du rachis, révélateur de ses désordres ou de sa normalité par les quatre mouvements fondamentaux de la respiration et du dégagement plexueux du ventre, par l'état de l'appareil mental composé de la pulpe sentante et du spiritus imagineux, par les impulsions involontaires de la voix et les mouvements entrainés des branches épinières qui soulèvent instinctivement les bras, les jambes et les autres parties du corps par des soubresauts, des spasmes, des tremblements, qui ont le plus souvent leur cause dans la plénitude ganglionnaire et les décharges flatueuses des viscères aboutissants.

Soit donc pour exemple la concentration d'un point quelconque du canal bucco-anal qu'on généralise sous l'expression trop vaste de *gastro-entérite*. Après l'agression refoulante d'un ingesta dont les molécules trop expansives ont opprimé et entravé le rayonnement régulier et inférieur d'une partie de la membrane muqueuse digestive, il en est résulté la réaction de la colonne électrique du rameau ganglionnaire qui va former la surface intéressée par son épanouissement comme foliacé. Et cette réaction contre nature, entraînant esclavement le sang et la lymphe passifs des esprits, produit une accumulation de fluides dont la présence inaccoutumée constitue l'essence de l'inflammation et ses phénomènes cachés ou apparents, la chaleur, la douleur, la tension, le gonflement. C'est le premier effet du sécrétisme gris rachidien qui, gêné dans son quadruple jeu fondamental et surtout dans l'expansion régulière de son flatus distillé, précipite élastiquement ses rayons sollicités pour dissiper, fondre, résoudre, cuire, vaporiser, distendre, éloigner la cause de son oppression. De là augmentation fébrile de son mouvement spiritueux, accélération et surabondance de son électricité, embrasement de l'organisme qui trahit sa turgescence primordiale : 1° par le brillant des yeux; 2° par le soulèvement de la pulpe mentale et ses inquiétudes, angoisses, anxiété, terreur, ou son délire, sa stupeur et toutes les autres nuances de son action; 3° par les échappées de la voix, les plaintes, les cris, la loquacité, le mutisme ; 4° par les mouvements inétudiés des bras et des jambes, les tressaillements, les convulsions.

Cet embrasement général cause aussi la soif, et appète de l'eau, des rafraîchissants, des acides, c'est-à-dire des boissons négatives, dont les molécules inférieures en atomes actifs et en expansion essentielle, peuvent absorber les esprits inflammables de l'économie, les saturer, les neutraliser, se mettre en équilibre avec eux trop positifs, trop rayonnants, et les ramener à une température moyenne plus basse, relative au rhythme habituel, au degré sanitaire et tempéramental.

On conçoit aussi que l'appétit est nul. Effet de l'attraction, la faim ne peut avoir lieu dans les premiers moments phlegmasiques, puisqu'il y a une répulsion continuelle du centre, et de plus une turgescence flatueuse surabondante. Mais un appétit trompeur peut survenir et produire la boulimie, le pica, etc., par l'effet même du flatus rachidien qui abuse la pulpe mentale et son spiritus imagineux sur les moyens de le neutraliser, de le saturer plus directement. D'ailleurs un sécrétisme exalté chroniquement contracte le besoin de s'entretenir dans cette exaltation même, ce qui explique pourquoi les enflammés, les travailleurs, les femmes enceintes, et les grands consommateurs d'esprits, voluptueux ou épileptiques dévorent tant.

La respiration est aussi difficile, parce que l'expansion ganglionnaire du ventre étant comme permanente et sollicitée stimulamment par l'obstacle maladif, elle entraîne la concentration plexueuse des poumons, qui ne peuvent par conséquent réagir aussi aisément.

Les nausées viennent des efforts que l'émanation électrique du feu-nerveux opère pour se débarrasser des ma-

tières refoulantes ; et comme la surface malade est eni-
vrée de flatus saturateurs qui lui donnent un rayonnement excessivement irritable, et par conséquent une élasticité proportionnelle, tout ce qui passe sur ce foyer cha-
touilleux est rejeté par les vomissements, entraînant plus
ou moins les fluides concentratifs secoués par ces efforts
réactifs.

Il n'est pas étonnant non plus que le pouls soit petit,
fréquent, inégal, parce que le stimulus morbide est comme
un organe surnuméraire qui contrebalance les attractions
majeures des centres cérébral, cardiaque, solaire-mésentérique, par sa sollicitation propre : ce qui enraye la circulation et trouble ses phénomènes ordinaires. Aussi sent-
on la détente du mal par le relâchement du pouls, son
ondulation et son retour au rhythme habituel.

L'abattement moral tient aussi à ce que le flatus gris
qui doit alimenter la pulpe mentale est soustrait pour repousser l'agression concentrative. Alors la moelle épinière
en étant privée conséquemment, il en résulte faiblesse
des bras et des jambes qui semblent brisés et qui parfois
se paralysent par la même cause. Lorsque l'oblitération a
une grande étendue et qu'elle intéresse une multiplicité
de pores, surtout des nerfs et des artères, il en résulte des
phénomènes plus intenses, plus compromettants. C'est
ainsi que la plénitude électrique par son expansion irrésistible peut dilater avec effort les vaisseaux, siége de la
décharge, et produire l'épistaxis, l'hématémèse, etc. Que
si l'impétuosité du flatus se porte au cerveau, il en résulte
des douleurs atroces, annoncées par des cris et productrices d'ataxie, de convulsions dont les dérivations vibra-
toires épuisent le spiritus général, amènent l'anéantissement, la raideur et le froid des membres, la sueur froide,

le délire sombre, l'adynamie et la mort; la mort étant l'extinction du sécrétisme mental qui s'arrête, ou faute d'être alimenté suffisamment par le mouvement distillateur du rachis gris, ou par le tarissement final de ce sécrétisme fondamental lui-même. Quant au mot adynamie, il exprime seulement l'impuissance où sont les nerfs musculaires de se mouvoir, puisque la moelle épinière blanche n'est plus turgidifiée par le flatus sensorial épuisé, ni crispée par la pulpe mentale maîtrisée elle-même et exploitée par l'énorme concentration des viscères abdominaux.

Eh bien! ces phénomènes ne sont pas uniquement personnels à la gastrite; sans doute ils la définissent, mais ils peuvent, à différents degrés, se rencontrer encore dans toutes les affections des membranes muqueuses, des séreuses et des autres organes. Ce sont des phases communes que prennent les sécrétismes blanc et gris dans la défense répulsive de toute atteinte à leur refoulement. De sorte que le praticien habile doit puiser dans les symptômes, et ce qui est propre à caractériser la partie arboréale souffrante des troncs nerveux, artériel, veineux, ou lymphatico-osseux, et ce qui peut lui inspirer le degré de compromission, du danger de la vie, afin de diriger sa thérapeutique sur la généralité de l'existence, je veux dire et sur les centres sécréteurs eux-mêmes, et sur les appendices extrêmes de leur dérivation opprimée.

Soit donc pour deuxième exemple l'exaltation spiritueuse des méninges, la *phrénésie,* dont les symptômes s'expliquent par les mêmes lois primordiales; la céphalalgie, par l'engorgement des enveloppes et la compression du cerveau; la soif, par l'incendie général; l'insomnie et les rêves effrayants, par la tension involontaire de la pulpe mentale; la fièvre violente, par la tendance du flatus gris surabondant à se dériver par les membranes artérielles aboutissantes aux rameaux déférents des plexus et des ganglions; l'extrême agitation, par la turgidification de la pulpe mentale et de la moelle épinière, incessamment crispées par les ondulations internes; l'anxiété, par l'enchaînement désordonné du sensorium, et par l'exploitation contre nature du rachis gris; le tremblement des mains, par la concentration du flatus blanc aux racines de l'arbre de relation; les réponses dures, par la susceptibilité de la pulpe, son malaise et la vigueur de sa réaction; les accès de colère ou de gaîté, par l'impulsion irrésistible des irradiations du rachis gris qui précipite le sang sur l'encéphale, incapable de le trier dans le premier cas, et le dérivant par une expansion abondante et aisée dans le second; les yeux fixes, par la plénitude électrique de l'arbre sensuel-mental-épinier-reproducteur; la vivacité de la vue et de l'ouïe, par la même cause; les yeux rouges et brillants, la face animée et turgescente, par la saturation spiritueuse du voisinage phlegmasique qui entraîne le sang; les larmes involontaires, par l'oppression du système ganglionnaire qui se décharge sur les muqueuses, et surtout sur les glandes lacrymales surexcitées et dérivatrices; le pouls plein et dur, par la force du rachis inférieur; l'altération de la mémoire, par l'enchaînement du spiritus imagineux à la pulpe sensoriale elle-même maîtrisée; les cris, les menaces, la fureur, par les besoins de rayonner le flatus épinier trop comprimé; la respiration rare et profonde, par l'asservissement du plexus pulmonaire aux couches grises encéphaliques qui enrayent son élasticité. Enfin, si la maladie prend un cours funeste, l'état comateux survient par l'engorgement de l'encéphale; la dilatation et l'immobilité de la pupille annoncent, comme chez les individus adonnés à l'onanisme, l'épuisement du spiritus blanc inventriculaire ; la stupeur est l'effet du tarissement sensorial et de son enchaînement servile au foyer gris fondamental ; les soubresauts des tendons résultent des décharges superlatives des esprits organiques dévoyés; les mouvements convulsifs de la face sont dus à la dérivation involontaire, à des essais critiques du flatus blanc; enfin l'apoplexie et la mort proviennent d'une irruption sanguine, dont la cause variable peut être l'embrasement trop expansif des artères, la faiblesse de réaction du rayonnement sensorial, ou sa trop avide attraction.

Il n'est pas besoin d'ajouter de plus amples commentaires à cette description pour démontrer la part évidente que les centres vitaux prennent aux désordres de la spiritualisation dans l'état aigu. Voyons s'il en est autrement dans les maladies qu'on est convenu d'appeler chroniques. La phthisie, dite tuberculeuse, et l'hydropisie nous serviront d'exemples.

Phthisie. — La toux sèche s'explique par un obstacle de nature lymphatique au jeu élastique des poumons. Cet obstacle doit toujours naissance à une concentration spiritueuse antérieure, mais plus ou moins lente. Les crachats gluants proviennent de la sécrétion phlegmasique et d'aspect purulent de la partie viscérale altérée : car de même qu'une dose variable de spiritus dans les glandes, fait varier leurs produits, de même l'exaltation électrique d'un organe, tissu cellulaire ou membrane, différencie promptement leurs fluides distillés. La maigreur résulte de l'imperfection de la respiration hématosante et de la pauvreté conséquente des éléments électriques entreteneurs de la vie, que les centres rachidiens ne peuvent rayonner avec abondance pour opérer la plénitude des formes et l'expansion de tous les organes comme dans l'état de santé : de là le tiraillement des traits, l'angulation des ailes du nez, la tension de la peau du front, la rétraction des oreilles et des commissures labiales, le creux des espaces intercostaux et la concentration générale.

L'hémoptysie qui survient par intervalles, est due à l'engorgement du sang veineux que la difficulté du triage artériel par les capillaires tuberculosés fait staser dans les vésicules qui se rompent. La chaleur particulière et la sécheresse de la peau annoncent l'accélération consomptive du sécrétisme gris qui communique au sécrétisme blanc un flatus imparfait impropre aux fonctions habituelles de l'économie languissante, et dérivé pour cette raison surtout par les émanations des mains et des pieds. La rougeur des joues et même des lèvres est l'effet de la plénitude sanguine de la muqueuse générale, et par conséquent de sa partie sur-maxillaire. La fièvre hectique résulte de la réaction continuelle, mais débile en raison de la pénurie de l'oxygène et de l'électron alimentaire, du sécrétisme fondamental qui frappe les membranes artérielles, aboutissantes aux rameaux déférents des plexus et des ganglions, de son flatus défensif incapable de neutraliser la concentration obstaculaire de l'organe attaqué. La voix rauque et parfois éteinte vient de l'engorgement des poumons et de la faible introduction de l'air, d'où résulte aussi la difficulté de respirer par l'empêchement mécanique du ressort élastique du plexus pulmonaire. Tous ces symptômes s'aggravent par l'envahissement purulent des vésicules respiratoires, d'où naissent la toux plus opiniâtre, les crachats plus abondants et fétides, le dégoût des aliments par l'impossibilité de les sécréter, les progrès du marasme par le défaut du renouvellement de la spiritualisation, par la confection incomplète du sang qui ne peut réparer les pertes, par la résorption de la lymphe putride, qui porte aux divers organes le tribut infect du viscère décomposé : ce qui augmente encore la fièvre, la réaction totale ; ce qui épuise les lampadismes généraux et partiels par tant d'obstacles insurmontables ; ce qui cause l'œdématie des pieds par le ralentissement flatueux, les sueurs et diarrhées colliquatives par des crises finales inutiles. Enfin la difficulté de respirer, le manque d'oxygène et d'électron, amènent progressivement le dépérissement total et l'extinction des deux centres sécréteurs incapables d'innerver, de sensibilifier, d'élastifier les parties d'un arbre qui leur refusent non-seulement les moyens de s'entretenir eux-mêmes, mais encore la faculté de leur rayonner des aliments spiritueux.

Hydropisie. — Il n'est pas étonnant que cette maladie et la phthisie pulmonaire soient l'écueil de la médecine, quand on songe qu'elles résultent, celle-ci de la déspiritualisation des appendices plexueux propres à renouveler les pertes électriques de l'économie ; et celle-là, quand on sait qu'elle tient également à la déspiritualisation des membranes séreuses qu'une longue exploitation inflammatoire viscérale a paralysées au profit des obstacles concentratifs à dissiper. C'est pourquoi l'hydropisie est le plus souvent la suite d'une atteinte chronique à la vitalité, que les sécrétismes exploités sans cesse par elle, se sont épuisés en vain à neutraliser. Aussi les affections anciennes, dites nerveuses ou catarrhales des poumons, finissent-elles le plus souvent par l'hydrothorax accompagné d'œdème des jambes ; les fièvres intermittentes, les gastro-entérites et hépatites lentes ou invétérées, se terminent-elles ordinairement par l'ascite. On conçoit, en considérant notre dou-

ble édifice arboréal (figures 15 et 16), que si la spiritualisation générale a longtemps été concentrée sur l'appareil
digestif ou le pulmonaire ou le cérébral, ses dépenses
exubérantes l'auront épuisée aux deux centres rachidiens :
ce qui fera résulter nécessairement de cette vieillesse pré-
maturée, la paralysie, la désélectrisation de certains ramuscules extrêmes, comme on voit quelquefois plusieurs
branches désséchées d'un vieux noyer. Mais comme les séreuses après les os, les cartilages et les tendons peu fonctionnels et partant peu altérables, sont les organes les
plus éloignés, elles s'affaiblissent; la spiritualisation centrale, en limitant ses irradiations, les prive de flatus animateur, ce qui éteint leur élasticité réagissante. De sorte
que l'eau de l'économie venant toujours par l'expansion antérieure et progressivement circulaire des artères, des veines
et des lymphatiques, s'amasse dans leurs poches sans ouverture, et forme des collections atoniques irrésorbables
à la tête, à la poitrine, au ventre, au scrotum, ou s'il
s'opère une communication, dans tout le tissu cellulaire
inondé sous l'aspect de la leuco-phlegmatie. Voilà donc
la raison de la faiblesse générale, de la pâleur de la peau,
de sa bouffissure, du regard particulier de l'hydropique
dont le sécrétisme est diminué, de la mollesse et de la lenteur de son pouls, et de tous les autres symptômes hecti-
ques, consomptifs et mortels, relatifs au siége, à l'âge,
à la cause, etc., qui les rendent si différents en raison de
l'électrisation soit exubérante de l'enfance, soit équilibrée
de l'adulte, soit insuffisante du vieillard.

On voit donc par ces antécédents que la pathologie
n'est que la science des désordres de l'électrisation; que
cette électrisation, susceptible dans l'état de physiologie
de prendre diverses nuances d'affaiblissement ou d'excita-

tion, devient malade aussitôt qu'elle développe le phénomène si originellement connu de l'inflammation, c'est-à-
dire qu'elle entraîne une réaction centrifuge, déterminante, par l'accumulation du flatus gris ou blanc, d'un
afflux de sang et de lymphe, causes de tumeur, chaleur
et douleur. Cette exaltation locale d'un organe comprimé, parcourt, comme nous l'avons dit, les trois périodes de concentration inflammatoire (crudité d'Hippocrate), de saturation spiritueuse (coction), et d'expansion
éliminatoire (crise). Eh bien! les maladies, supérieurement
énoncées et considérées dans tous les points de leur terminaison funeste, la gastrite, la phrénésie, la phthisie,
l'hydropisie, sont les divers degrés de l'électrisation des
organes partiels et des divers modes de réaction des centres sécréteurs. C'est à cette idée pathologique fondamentale que doivent être ramenées toutes les affections ren-
fermées dans notre cadre nosologique, qui, quelles
qu'elles soient, aiguës ou chroniques, latentes ou évi-
dentes, curables ou mortelles, nerveuses, artérielles, veineuses, lymphatiques ou osseuses, revêtent dans leur
marche une des périodes de concentration, de neutralisation, ou d'élimination plus ou moins influencée par les
irradiations réagissantes des deux rachis suprêmes, toujours proportionnelles à l'état d'épuisement ou d'exubé-
rance de leurs lampadismes focaux. De sorte qu'en abordant une maladie, on doit s'attendre à la classer dans ces
trois nuances spiritueuses caractéristiques de toute lésion;
et par conséquent, l'on s'efforcera de résoudre, saturer,
subtiliser, vaporiser les fluides localement concentrés,
ou de les éliminer, évacuer, excrémenter s'ils sont neutra-
lisés. C'est dans cette appréciation que consiste le tact
médical, basé non pas sur une habitude routinière de cli-

nique, mais bien sur les connaissances rationnelles des lois les plus profondes de la vie. C'est leur ignorance qui rend aux yeux du vulgaire, et même des médicastres, notre art si conjectural; et comme la totalité des praticiens ne peut les posséder dans toute leur plénitude, la médecine aura toujours sa part d'imagination: car chacun ayant des sens et un jugement différents, chacun ne peut que voir et évaluer à sa manière: ce qui explique la définition en apparence contradictoire de l'illustre Stahl: « la *médecine* est un *empirisme raisonné.* » Le physiologiste le plus versé dans les mystères de la nature universelle et de la vie humaine en particulier, doit donc mieux apprécier les vicissitudes de la santé et les désordres morbides. Si donc j'ose proclamer que toutes les maladies, depuis celles qu'on appelle vices, diathèses, cachexies, jusqu'à celles qu'on nomme fièvres, inflammations, hémorrhagies, névroses, lésions organiques, engorgements insolubles, squirrhes, cancers, gangrènes, etc., toutes sont les nuances d'un même mode d'affection, de l'altération de la spiritualisation locale et des réactions centrales; si, dis-je, je fais cette proclamation novatrice, c'est que je m'appuye sur les bases inébranlables et suffisamment autorisantes du *sécrétisme animal,* de son anatomie, de sa physiologie et de son hygiène, elles-mêmes fondées sur les propriétés générales et éternelles des atomes, l'attraction newtonienne, la combustion héraclitique et l'émanation zoroastrienne!....

ANTHROPOTHÉRAPIE.

Guérir, tel est le but de la médecine! Mais comment y réussir constamment si l'on ignore: 1° la structure dou-

blement arboréale de l'homme, 2° la distillation centrale
des deux rachis et les lois de leurs spiritus rayonnants,
3° l'indispensable entretien des lampadismes suprêmes par
les matériaux externes oxygéno-alimentaires, 4° le mode
de désordre de la machine à vapeur animale qui étouffe et
s'embrase sous les obstacles refoulateurs des esprits. Si
donc, en parcourant l'histoire depuis Esculape jusqu'à
nous, on y cherche en vain l'explication de la vie, et la
cause archéale de son existence, de sa conservation et de
sa ruine, on ne sera plus étonné de la multiplicité des
systèmes qui ont sillonné le cours des âges de leurs appa-
ritions successives, et qui ont si longtemps compromis la
santé et le bonheur de l'homme par leur application mal-
faisante. Mais maintenant que la vie est connue pour une
distillation du rachis fondamental, qui alimente une
greffe de relation, laquelle dérive elle-même les émanations électriques des aliments subtilisés par le cercle des
fonctions digestives, circulatoires, respiratoires et ner-
voso-focales ; maintenant, dis-je, que toute maladie est
sue conséquemment une déviation de la spiritualisation,
un écart des esprits, une sécrétion anormale, un refoulement de feu-nerveux, un obstacle à sa divergence naturelle : une thérapeutique fondée sur une pathologie si
rationnelle, elle-même basée sur les lois vitales, va surgir
de notre doctrine philosophique, et opposer son dogmatisme puissant aux routines aveugles des siècles derniers,
et à l'empirisme borné des théories modernes si superbe-
ment dénommées physiologiques : comme si la Nature
avait posé sur elles la colonne finale des découvertes, et
inscrit à son sommet le *nec plus ultrà* de la science.

Le lecteur ne peut se faire une idée de la maladie, s'il
ne connaît parfaitement les rouages de l'homme, repré-

sentés en analyse, et déroulés comme dans une filière par les linéaments plus ou moins approximatifs des figures anatomiques 15 et 16. La première lui ébauche le double système nerveux, dont les rayons, dont les rameaux s'enfoncent dans tous les organes pour les constituer par leurs divisions extrêmes pelotonnées, intriquées, épanouies en viscères qu'elles rattachent par continuité aux rachis centraux. De sorte que le sécrétisme gris est la cucurbite primordiale qui alimente la secondaire, en formant un arbre principe de toute animation. Car son tronc constitué par l'épuration florale des atomes actifs de l'Univers, et jouissant, par conséquent, de la température déterminée que lui donne son feu-nerveux intégrant; cet arbre, dis-je, est le soleil qui réfléchit sur les organes, sur des espèces de systèmes planétaires, le flatus électro-lumineux propre à les enivrer, à les saturer, à les spiritualiser : la cause de leur élasticité réagissante contre les agents externes de la Nature. De sorte qu'il s'opère, entre lui et ces agents, un courant perpétuel d'attraction et d'expansion ; d'attraction par le vide phlogistique des cucurbites comburantes, et d'expansion par la dérivation des serpentins aboutissants, remplis d'impondérables divergents.

La vie est donc une véritable combustion alimentée par les matériaux de l'Univers qu'elle dépense et rayonne sans cesse en esprits, et pour l'entretien des organes constitutifs, et pour repousser les agressions compromettantes. Ce qui nous fait induire que chaque individu a son atmosphère nerveuse, et comme solaire constamment renouvelée par la nutrition. Eh bien que des obstacles extérieurs pour cette atmosphère, ou des obstacles internes pour les pores émanateurs des organes, viennent à intercepter les dégagements nécessaires des ramuscules terminaux du double arbre distillateur, soudain les esprits concentrés se précipitent électriquement sur les ganglions ou les plexus, petites lampes nerveuses et satellites du foyer suprême ; lesquels opprimés font eux-mêmes une irruption spiritueuse sur le tronc primordial qui étouffe, qui bouillonne, qui se rompt en efforts excentriques et dérivateurs, et cherche à se soulager par des réactions élastiques contre l'obstacle morbifique, contre la greffe sensorio-locomotive, ou contre les viscères inférieurs qu'il embrase. Le médecin-naturaliste doit donc porter une infatigable scrutation, non-seulement sur les premiers pores obstrués, sur les soupapes diverses qui se ferment, et sur l'état combustif du système nerveux général, surtout de l'inférieur, le gris fondamental ; mais encore sur les causes accidentelles prises dans les agents physiques qui peuvent refouler, concentrer, opprimer, étouffer l'organisme, dont la condition vitale impérieuse est de dériver, d'émaner, de rayonner sans cesse. Cette vérité nouvelle est tellement incontestable que dans toute atteinte maladive, s'il n'y avait pas de réactions circonférencielles sur les centres sécréteurs, on ne mourrait jamais avant l'extrême vieillesse : car les organes, ressemblant aux feuilles des arbres, de même que la chute d'une ou de plusieurs d'entre elles, ne peut faire périr le tronc, de même leur atteinte, leur oblitération, leur paralysie partielle, ne devraient jamais compromettre la combustion suprême. C'est donc une preuve que c'est par réaction, non-seulement spiritueuse par les névrilèmes, mais encore de structure par les fibres nerveuses elles-mêmes, que le mouvement sécréteur morbide influence les cucurbites grises et blanches des rachis : désordres qui entraînent des actions et des réactions des flatus dont l'attraction intégrante, le jeu spiritueux et l'expansion conséquente, par leurs mouvements impétueux, précipitent, dans leur tourbillon, des fluides passifs, sanguins et lymphatiques, causes secondaires de tumeur, rougeur, chaleur, douleur, induration, squirrhe, ulcération, gangrène, etc., selon le degré de la présence nerveuse qui produit la paralysie, la mort et la putréfaction par son absence.

Quelles sont donc les conditions pour que la santé se maintienne? L'hygiène nous l'a dit : c'est une expansion sereine et du tronc et des branches, des rameaux, des ramuscules, des dépendances foliacées, membraneuses, glandulaires, en un mot viscérales. Cette expansion s'opère 1° par les *circumfusa* qui ne doivent rien refouler, 2° par les *ingesta* qui ne doivent rien concentrer, 3° par les *percepta* qui ne doivent rien opprimer. Mais lorsque des molécules physiques aériennes, alimentaires ou sensationnantes viennent à faire irruption sur les dégagements spiritueux, soit par leur impétuosité venteuse et froide, soit par leur nocuité vénéneuse et corrodante, soit par des impressions mentales trop constrictives, il en résulte des nuages anormaux qui embrunissent l'économie, qui s'amoncellent sur tel ou tel organe, et produisent par leurs contacts oppresseurs des irradiations électriques, des orages plus ou moins terribles, la cause ignorée de tous les désordres nosologiques. Pour remédier à ces événements, le philosophe sécrétique qui connaît non-seulement les lois de la vie humaine, mais encore celles qui président à toute l'étendue de la nature, et conséquemment aux atomes qui nous entourent, recourt à deux moyens, la médication générale et la locale, et pour toutes deux, à certains agents appelés pharmaceutiques, qui ont la propriété de modifier l'économie dans sa totalité et dans ses parties, à l'aide de leurs forces moléculaires d'attraction, de sécrétisme et d'expansion, triple apanage résulté du mélange des atomes dans l'embryonie primitive.

MÉDICATION GÉNÉRALE. — Elle agit sur la totalité de l'organisme, et à cet effet sur le centre de la vie elle-même, le rachis gris dont elle influence les quatre mouvements fondamentaux en ralentissant, entretenant ou exaltant à divers degrés son sécrétisme combustif. De là trois modes de traitement. Le premier de concentration ou de plénitude consiste dans les déspiritualisants. Le deuxième d'équilibre et de normalité ne recourt qu'aux moyens hygiéniques dont le praticien combine avec prudence les forces intégrantes inférieures, égales ou supérieures à la vitalité pour la conserver dans toute son énergie. Le troisième d'expansion ou de faiblesse tend à rallumer le flambeau affaibli, le lampadisme débilité, le rachis fondamental appauvri. C'est lui qui à l'aide des électrisants fortifie le foyer central, sollicite son sécrétisme, stimule son rayonnement, et provoque une expansion capable par son abondance de spiritualiser les rouages tombés dans l'inertie, de raviver toutes les fonctions et de fournir à leurs dépenses ordinaires.

I. Le *traitement total déspiritualisant* dont le but est de priver l'organisme des principes nerveux et électriques qui font sa turgescence maladive, y parvient par la saignée générale, par l'abstinence, le repos, les bains tièdes, l'air ambiant froid et peu oxygéné, les boissons négatives, un régime privatif proportionnel au diapason spiritueux qu'on désire.

1° La *saignée* en soustrayant à la lampe suprême l'huile oxygénée qui l'alimente, affaiblit sa flamme et son rayon-

nement, et par conséquent ralentit l'élasticité fonctionnelle de tous les rouages animaux. Le sécrétisme gris rachidien éprouve une détente rapidement communiquée
d'une part aux viscères nutritifs et inconscients, et de
l'autre à la vie sensoriale qui, n'étant plus turgidifiée que
par un flatus insuffisant, fait sentir sa langueur par les
modifications conséquentes de la voix, des mouvements
et de la reproduction florale peu animés. Aussi la saignée
étouffé-t-elle bien souvent des inflammations débutantes,
en enlevant le spiritus vicieusement accumulé sur un organe et le transportant dans le torrent circulatoire où les
foyers partiels et le général l'exploitent à leur profit pour
rétablir une compensation avec celui qu'ils ont perdu.
C'est encore un moyen thérapeutique extrêmement avantageux pour dissiper les dispositions périodiques, printa-
nières ou automnales, à la pléthore, aux phlegmasies pectorales, aux engorgements intestinaux, à certaines congestions cérébrales intermittentes, etc.

2° On conçoit qu'en ne fournissant aucun aliment au
lampadisme sécréteur, l'*abstinence* le prive d'électron et
par conséquent des moyens d'entretenir sa vigueur exaltée
qui exploite à son profit celui de l'organisme. Mais comme
la déspiritualisation, l'expansion constante, l'émanation
dépensière des atomes nerveux s'effectue sans cesse, il en
résulte un appauvrissement des spiritus favorables à l'abaissement et de l'électrisation générale supposée trop énergique, et des phlegmasies locales qui peuvent en être la
cause. Aussi la diète absolue est-elle indispensable pendant
la première période des maladies aiguës, où le mouvement rachidien est secoué et se désordonne par la concentration dite inflammatoire des esprits qui exaltent sa
combustion. Tout aliment non-seulement l'entretiendrait,
mais encore, en excitant les réactions élastiques des or-

ganes digestifs, chylifères, hématosants, circulatoires, innervants, etc., produirait des oppressions bien plus fortes sur le centre déjà trop comprimé et embrasé. C'est pourquoi les purgatifs, les vésicatoires, les toniques, les électrisants généraux sont souvent alors des poisons gangrénants ou convulseurs.

3° Le *repos* du corps et de l'esprit est d'autant plus nécessaire que toute fonction par son jeu même est une cause de dépense et par conséquent un stimulus d'attraction réparatrice : ce qui sollicite un plus grand travail du rachis fondamental. Tous les viscères seront donc dans la plus grande inaction, en attendant que le temps qui s'écoule, c'est-à-dire que la désassimilation sans cesse émanante, rayonne le superflu des atomes électriques qui gonflent et exaltent l'organisme. L'arbre sensorial lui-même doit subir la même loi par les mêmes motifs. De sorte que le médecin philanthrope et les parents du malade s'efforceront par des consolations et des espérances de rassurer son esprit dont la moindre agitation, la moindre inquiétude peut déterminer un stimulus spiritueux, cause d'insomnie, de transport, de délire, d'apoplexie, et par les décharges irrégulières du flatus blanc à demeure et par le surcroît de travail et de dépense que ces actions perturbatrices imposent même au sécrétisme inférieur. Par la même raison les racines sensuelles, la méditation, la voix, les rameaux musculaires, le bouquet terminal resteront en silence par une expectation oisive fondée rationnellement sur la désassimilation déspiritualisante.

4° Les *bains tièdes*, par les principes aqueux qui pénètrent le corps, absorbent les esprits qu'ils transportent avec l'eau pompée, pour être rejetés aux diverses hauteurs du double arbre animal, par les éliminations lymphatiques des poumons, des urines, de la sueur, etc. On comprend donc la cause du relâchement général et de la faiblesse que l'on ressent à leur suite, puisqu'on a perdu une certaine somme de feu-nerveux qui turgidifiait la pulpe mentale et ses dépendances épinières. La théorie des bains locaux, des gargarismes, des injections, des lavements émollients, des lotions acides et froides, est fondée sur ces principes neutralisateurs.

5° L'*air ambiant,* par sa vapeur suspendue, son manque d'oxygène, de lumière et de calorique, produit les mêmes effets. Il faudra donc abaisser la température de la chambre des enflammés, empêcher qu'on ne les étouffe sous leurs couvertures, leur faire respirer un air frais, et laisser rayonner avec aisance la chaleur brûlante qui s'échappe de leurs pores, de leur haleine, de leurs déjections même : car c'est elle qui, surabondante, provoque, par son triage à travers l'encéphale, les inquiétudes, les plaintes, et les mouvements continuels des souffrants.

6° J'entends par *boissons négatives* celles qui, loin de fournir des esprits au corps animal par leur dissolution alimentaire, lui en enlèvent, au contraire, une plus ou moins grande quantité; ce qui soulage la concentration générale, produit une détente des fibres nerveuses, et, en ouvrant les aréoles émanatoires, amène l'expansion si favorable à la santé. Ces boissons négatives sont l'eau fraîche, les décoctions de racines de guimauve, de graines de lin, les solutions gommeuses, le petit lait, les acides végétaux étendus, les macératum de fruits muqueux, etc. On les donne à une basse température, parce que le froid soustrait du calorique, du feu-nerveux : c'est ainsi que l'eau fraîche éteint l'incendie de l'organisme comme celui des villes. Mais les praticiens ignorants la refusent obstinément à leurs malades, malgré leur pressante avidité qui préfère avec raison ce moyen neutralisateur si salutaire, aux sirops, aux bouillons, aux confections, bien souvent indigestes et répugnants dans l'acuité, parce qu'ils offrent plus ou moins d'atomes actifs au sécrétisme déjà trop accéléré.

7° Les moyens déspiritualisants, énoncés jusqu'ici, conviennent spécialement et absolument dans l'invasion, dans la première période, c'est-à-dire dans la plus grande exaltation de l'électrisation vitale. Mais de même que cette électrisation superlative est susceptible de présenter un grand nombre de degrés intermédiaires à la turgescence la plus forte, et au rhythme caractéristique de la santé, de même le régime affaiblissant suit une proportion analogue, comme par une gradation conséquente. C'est-à-dire qu'à mesure que la spiritualisation, dans les cas aigus, comme dans les plus chroniques, se rapproche le plus de la normalité, il faut diminuer les remèdes négatifs, neutralisants, seulement dans le rapport nécessaire à la surabondance électrique. Ce qui exige une grande sagacité fondée sur l'estimation spiritueuse de la nourriture et les dépenses nerveuses actuelles du malade, qui doivent toujours être en équilibre dans cet esprit : que si l'innervation est au-dessus du diapason ordinaire d'un ton, le régime doit être au-dessous de l'alimentation habituelle d'un ton; si de deux: l'autre aussi; ainsi de suite. De sorte que le résultat devient une disposition moyenne, comme sanitaire, qui amène plus ou moins vite, et la plupart du temps sans danger, le rétablissement complet. Mais combien de fois pour droguer, pour faire le médecin, c'est-à-dire par ignorance ou par amour-propre, ne formule-t-on pas des prescriptions entravantes de cette tendance de la nature, et retardataires de cette fin si désirée.

Le *régime* qui constitue le *privatif* se compose des décoctum de pain, d'orge, de gruau, de riz, de bouillons aux herbes, d'eau de veau et de poulet, de pulpes émollientes bien délayées, de marmelades mucoso-sucrées, de soupes au beurre, de consommés, de crêmes légères, de substances féculentes plus ou moins étendues, de préparations laiteuses, d'œufs, de légumes verts, de viandes blanches et de tous les matériaux alimentaires de l'hygiène dont les molécules intégrantes sont inférieures à l'élasticité fonctionnelle de l'économie.

On sent donc que l'esprit de notre thérapeutique est une véritable neutralisation électrique, quand la spiritualisation est exubérante. Nous verrons plus tard qu'elle tend aussi à spiritualiser dans le rapport de la faiblesse, pour amener l'équilibre des foyers sécréteurs et la régularité de leurs émanations conditionnelles de la santé.

II. Le *traitement total conservateur* ou de sécrétisme est employé toutes les fois que la vitalité, naguère trop énergique ou trop appauvrie, se trouve ramenée à sa régularité physiologique. Alors le praticien, à l'aide seulement des moyens alimentaires hygiéniques, des substances inférieures, égales ou supérieures à l'activité atomistique de nos organes, entretient le diapason de la vie par leur prudente combinaison qui l'empêche de tomber dans l'excès ou dans le défaut de l'électrisation. Cette considération dont on a senti l'utilité dès les premiers âges de la médecine, fait partie de la science que nous avons appelée *anthropygie :* mais nous en avons parlé assez amplement pour que nous passions maintenant sur sa législation connue. Nous dirons seulement qu'aussitôt que la spiritualisation oscille et manifeste des symptômes de surexcitation ou de langueur, il faut recourir à une nourriture négative ou positive, privative ou augmentative dans le rapport nécessaire à ramener l'équilibre des fonctions et la normalité du sécrétisme gris, estimé par le jeu ordinaire de ses rouages viscéraux, et par les émanations sereines et l'action des diverses parties de l'arbre blanc, sa greffe incessamment exploitante. Ce moyen thérapeutique naturel est bien plus utile que les préparations chimiques et pharmaceutiques, dont les molécules concentrées, en abordant nos organes, refoulent leur électricité rayonnante par leur activité trop impétueuse et leur violence relativement trop comprimante. On ne les emploie donc que fort rarement; quand des secousses sont nécessaires, quand la flamme menace de s'éteindre, ou que la spiritualisation générale, incapable de surmonter un obstacle soluble, a besoin d'un renfort d'électron pour le subtiliser, le vaporiser et l'éliminer de l'économie : mais c'est un cas exceptionnel et qui rentre dans la médication suivante.

III. Le *traitement total d'expansion* ou de *faiblesse*, tend à enrichir l'organisme des principes nerveux propres à ranimer son inertie, à rallumer son flambeau, à raviver son sécrétisme supposé appauvri, à refaire toutes ses fonctions en provoquant l'expansion et en leur fournissant les dépenses flatueuses dont elles ont besoin pour s'exécuter librement. A cet effet on a recours premièrement aux électrisants généraux, qui comprennent les préparations de fer, de quinquina, de soufre, les plantes anti-scorbutiques, les amers, des vins fortement colorés, des bains toniques, des frictions stimulantes, etc., dont l'action semble durable, et parvient à remonter, par leur usage continu quoique modéré, les ressorts fatigués de la machine animale.

La deuxième classe des électrisants, se compose des huiles essentielles, des infusum aromatiques, des vins blancs capiteux, des potions dites cordiales, des poudres excitantes, etc., dont la force passagère imprime une impulsion énergique au sécrétisme gris inférieur, et par conséquent à l'arbre sensorial lui-même, dont l'ébranlement et l'accélération vitale exécutent pour un temps variable les actions et les dépenses dont il est chargé.

Enfin un troisième moyen d'électriser l'innervation épuisée, consiste dans le *régime augmentatif* ou *récorporatif*, terme antique qui rappelle la fameuse métasyncrise des méthodiques, mais que je subordonne plus rationnellement à la législation exigeante et à la susceptibilité du sécrétisme animal qui n'admet rien d'empirique et de hasardé.

1° Les ferrugineux, les sulfureux, les amers, les vins généreux, pris journellement à petites doses et alliés à l'exercice, à un air pur, aux passions dilatantes, influent d'abord sur le canal alimentaire qu'ils fortifient, passent dans les chylifères qu'ils remontent, et de là dans la circulation où le flatus, rayonnant par les membranes artérielles, rencontre leurs molécules expansives qui sollicitent un surcroît d'action bientôt propagé aux rachis gris et blanc forcés de réagir. De plus, leurs atomes chimiques dissous dans le sang, abordent avec lui les matrices nerveuses de la vie, les foyers sécréteurs; et comburés, distillés, vaporisés par eux, pénètrent dans les troncs des deux arbres suprêmes, le fondamental et le sensorial, qu'ils enivrent, turgidifient, saturent eux et leurs appendices organiques, alors plus dépensiers, plus aisément fonctionnels, puisqu'ils sont spiritualisés par un feu-nerveux plus énergique et plus abondant. Mais on ne doit y recourir que lorsque l'organisme n'est en proie à aucune concentration anormale, à aucune révolte partielle dont l'embrasement local s'entretiendrait plus longtemps et exaspérerait même les centres émanateurs, d'abord par son avidité soutirante et ensuite par sa réaction orageuse.

2° Les remèdes dits stimulants aromatiques, essentiels, capiteux, ne le sont que par les principes volatils, expansifs, combustibles et spiritueux qu'ils sont susceptibles de verser dans la double cucurbite nerveuse grise et blanche qu'ils gonflent, concentrent, étouffent bien souvent, lorsque leur emploi est intempestif et surabondant. Aussi faut-il en être avare et ne les employer que très-exceptionnellement, lorsque la débilité, qui suppose leur usage, n'est pas produite par la fermentation sourde de quelque organe qni a exploité longtemps l'organisme, comme dans quelques cachexies, diathèses, affaiblissements d'apparence trompeuse congéniale, tempéramentale ou accidentelle. Car la secousse inopportune et passagère qu'ils détermineraient sur les sécrétismes centraux, exigerait d'eux une action trop forte, trop soudaine, ce qui les ferait retomber dans une langueur, un abattement, une impuissance plus absolus encore.

3° Le *régime augmentatif* consiste dans l'usage bien entendu des aliments dont la force élémentaire, dont l'électrisation intégrante, égale ou supérieure à l'expansion spiritueuse de nos organes, peut non-seulement l'entretenir dans sa normalité, mais encore rallumer sa défaillance et exhausser le diapason de la vitalité. Les bouillons gras, le bœuf, le mouton, le porc, le vin vieux, le gibier, les assaisonnements, etc., en fournissant aux foyers animateurs des esprits combustibles, des atomes actifs caloriques, nourrissent le feu-central, entretiennent l'innervation dont les émanations excentriques, en parcourant les conducteurs médullaires des organes, les enivrent, les sensibilifient, les spiritualisent pour le jeu des fonctions, et dégagent l'atmosphère électrique inséparable de toute individualité. Mais leur usage récorporatif est soumis aux mêmes lois que le traitement déspiritualisant, c'est-à-dire, que l'on doit combiner la nourriture augmentative et même les *toniques fixes* et les *stimulants follets*, de manière à ce qu'ils soient proportionnels à la débilité. Cette débilité a pour origine une longue exploitation phlegmasique, ou bien, n'est due qu'à une langueur héréditaire. Dans le premier cas, le mouvement intestin sollicitant une activité suffisante des centres sécréteurs, il faudra peu d'aliments de cette nature pour élever le ton spiritueux général au rhythme ordinaire. Mais dans le deuxième cas où la faiblesse n'est due à aucune soutiration maladive, à aucun désordre organique, mais seulement à la privation d'électron ou à la fatigue générale des rouages peu spiritualisés, il faudra recourir à des aliments réparateurs énergiques sous un petit volume, ce qui veut dire renfermant beaucoup de principes vitalisables concentrés, et en subordonner la dose innervante aux besoins de l'économie: ce que pourtant l'on doit faire progressivement, car le lampadisme animal, en raison de sa fragilité, ne supporte pas les transitions brusques et les secousses inaccoutumées. Ainsi donc, pour augmenter le sécrétisme électrique pour ainsi dire d'une octave, il faudra consacrer un certain laps qu'on divise en périodes caractérisées par une augmentation insensible d'alimentation tonique, graduée comme par demi-tons. Bientôt avec cette prudence vous animez les foyers rachidiens, vous fortifiez leurs sécrétismes, vous turgidifiez leurs serpentins adjacents, vous électrisez leurs dépendances membraneuses, viscérales, musculaires, etc., qui remplissent avec plénitude leurs fonctions expansives. De sorte que les rouages inertes se mettent en jeu, les appareils naguères oisifs travaillent, et tout s'exécute avec normalité et satisfaction. Je dis satisfaction, parce que la pulpe mentale, étant par son siége inventriculaire, le médium sensible qui reçoit la volatilisation nerveuse du rachis gris, est à son égard comme le thermomètre de la vie, le baromètre de ses vicissitudes, la girouette de sa ventilation, l'indicateur parlant de son état, qu'elle transmet contigûment par ses crispations instinctives ou intellectueuses, c'est-à-dire, par les impulsions aveugles, des viscères, ou méditatives, de ses images à demeure, ou sensuelles, des objets du dehors; qu'elle transmet, dis-je, à l'arbre épinier locomoteur, son esclave, et au bouquet terminal, son thermomètre particulier, le rapporteur exact de sa plénitude médullaire. Car pour être en santé complète, il faut que tout agisse dans l'architecture doublement arboréale de notre être. Si une branche, si un rameau, si une feuille ne fonctionne pas, c'est qu'il y a des concentrations latentes, des sécrétions anormales, des foyers vicieux qui enchaînent le cours naturel de l'expansion générale, et privent par conséquent à leur profit tel ou tel organe inerte du tribut spiritueux nécessaire à son action. Aussi que d'anaphrodisies, de stérilités, de débilités musculaires, de faiblesses vocales, d'apathies mentales, de surdités, de cœcités, de troubles circulatoires, de difficultés respiratoires et digestives, dus temporairement à ces causes déterminantes, pas mêmes soupçonnées à notre époque qui se dit orgueilleusement si savante, et pourtant bien faciles à dissiper en provoquant l'irradiation sereine et l'expansion sans obstacle des spiritus amis de la liberté.

On voit donc que la médication générale est nécessitée par la réaction inévitable que toute affection opère sur le centre fondamental de la vie. Cette médication tend donc à neutraliser cette réaction, à empêcher toute concentration, toute oppression du rachis gris, et à déterminer au contraire l'expansion sans entrave et la vigueur régulière de son sécrétisme nourricier. Mais on n'y peut parvenir promptement et sûrement qu'en détruisant la cause de l'altération générale, qu'en anéantissant la maladie partielle qui a révolté le lampadisme inférieur. Ce qui est l'objet de la Médication locale.

La *médication locale* est *directe* quand elle s'applique immédiatement, et *indirecte* quand elle agit sur une partie plus ou moins éloignée (dérivation et révulsion). Elle est aussi naturelle et proprement dite *médicale* quand elle a pour but de ne modifier les organes qu'avec des propriétés moléculaires médicamenteuses, et artificielle et *chirurgicale* quand elle recourt à des distensions ou à des compressions mécaniques, et à l'usage du bois, du fer et du feu.

I. La *médication locale, directe* et naturelle se compose comme la générale de trois modes de traitement. Par le premier on déspiritualise le feu-nerveux vicieusement accumulé sur l'organe qu'il enflamme. Le second tend à entretenir dans leur normalité physiologique les rouages naguère ramenés à leur état ordinaire. Enfin le troisième consiste à électriser leur innervation lorsqu'elle est tombée bien au-dessous du diapason de la vitalité.

(*a*) Le *traitement partiel déspiritualisant* se compose, en général, des matériaux pris dans les agents extérieurs minéraux, végétaux ou animaux, dont la force atomistique d'attraction, de sécrétisme et d'expansion est inférieure à celle de nos organes. Mais parmi ces matériaux thérapeutiques, les uns ont une action spéciale sur telle ou telle partie de notre arbre économique.

1° Pour le canal digestif, ce sont les huiles fixes d'amandes douces et de ricin, la manne, la pulpe de casse et de tamarins, quelques sels neutres corrigés, qui ont la propriété à certaines doses de relâcher les fibres intestinales, de les faire réagir de manière à évacuer leur contenu saburral ou excrémentitiel sans les irriter, sans soulever l'élasticité inhérente à leur rayonnement spiritueux; puisqu'au contraire leur usage continu pourrait les faire tomber dans l'atonie : ce qui explique leur utilité assez fréquente dans les affections qu'on appelait jadis fièvres bilieuses.

2° Les boissons négatives détendent l'arbrisseau des chylifères, en passant par leurs conduits.

3° Les mucilagineux, les béchiques, les tisanes froides et négatives, en augmentant le sérum du sang, en neutralisant son spiritus cruorique, tendent à diminuer le feunerveux morbide des phlogoses des poumons.

4° Les mêmes moyens, et surtout les acides végétaux délayés, en passant par l'arbre artériel et saturant son fluide, tempèrent l'électron enivrant qu'il est forcé de rayonner fébrilement par les tuniques constituantes. Mais indépendamment on a préconisé la digitale pour affaiblir le mouvement expansif du plexus qui préside au mouvement du cœur. Ce végétal, loin de calmer directement, ne le fait que par ses effets révulsifs, et irrite, au contraire, en raison des atomes éminemment actifs qui le composent. C'est pourquoi il est funeste lorsqu'il existe une concentration partielle quelconque, et surtout du canal alimentaire où son application est immédiate ; tandis que sa teinture, le laudanum, l'alcool camphré, opèrent de meilleurs effets en frictions sur la région cardiaque.

5° Le rachis gris et ses annexes, les ganglions, centres primordiaux de la vie, s'affaiblissent par la médication générale déspiritualisante : saignées, abstinence, boissons négatives, etc.

6° Le rachis blanc et ses racines sensuelles, son tronc

mental, sa tige épinière, ses branches vocales et musculaires, son bouquet reproducteur terminal, se débilitent avec le rachis gris, puisqu'ils sont greffés sur son arbre alimentaire. Cependant il est des médicaments dits *antispasmodiques* qui semblent opérer directement sur eux comme la valériane, l'assa fœtida, l'eau distillée de laitue, de laurier cerise, la tridace, les préparations d'opium, le musc, le castoréum, l'éther, l'infusion de tilleul, de fleurs d'oranger, de pavots, etc. Mais ces moyens, en raison de leurs molécules si actives, si volatiles, n'apaisent l'insomnie, les spasmes et les convulsions que par deux effets encore ignorés : 1° ou leur action porte entièrement sur des parties viscérales dont elle exalte la spiritualisation par leur stimulus, ce qui forme une révulsion exploitante à l'égard du système nerveux blanc soulagé ; 2° ou leurs esprits quintessenciels, en se précipitant dans la médulle innévrilématique de l'arbre sensorial, débarrassent les obstacles, ouvrent les pertuis, entraînent le flatus blanc concentré, et régularisent l'expansion générale , ce qui explique leurs effets salutaires. Mais aussi combien de fois n'ont-ils pas été mortels comme les stimulants généraux, les sudoriques, les toniques fixes, en embrasant et la cucurbite fondamentale et la lampe sensoriale elle-même, dont ils ont causé le délire, l'ataxie, l'adynamie, l'extinction définitive. Médecins, soyez donc circonspects dans l'administration de ces mélanges pharmaceutiques, dont l'énergie encore indéterminée est évidemment bien supérieure au sécrétisme de notre fragile organisation.

7° Les nerfs et les muscles s'apaisent par les mêmes moyens que l'arbre nerveux blanc.

8° Le bouquet terminal aussi : cependant on a vanté le nénuphar contre son exaltation. Mais son action ne peut s'expliquer que par le négatif de ses atomes inférieurs aux spiritus de l'économie. Il est incontestable que les boissons délayantes, les émulsions des semences froides, les acides, le régime privatif, en ne fournissant aucun atome actif à l'arbre nerveux blanc, satureront, au contraire, ceux qu'il sécrète et qu'il émane; ce qui appauvrira le bouquet terminal alors peu stipendié.

9° Le derme, feuillage enveloppant de l'arbre de relation, sera susceptible de s'affaiblir, ainsi que le réseau artériel et le tissu cellulaire sous-jacents, par les bains locaux et mucilagineux, les topiques émollients, les onctions huileuses, et surtout les sangsues, les ventouses scarifiées, les mouchetures, les incisions qui, en enlevant les fluides nourriciers des concentrations spiritueuses morbides, les atténuent et les annulent bientôt.

(*b*) *Traitement partiel conservateur.* Comme l'activité de chaque organe dépend de la dose alimentaire de spiritus qu'il reçoit des centres fabricateurs pour agir élastiquement sur les fluides qu'il travaille, il s'ensuit que l'énergie des foyers généraux est la première condition de la conservation de leurs dépendances particulières. Mais en outre chaque organe s'entretient aussi par son exercice propre: Car cet exercice est un stimulus attractif d'esprits et de sang réparateurs qui s'incorporent avec lui, fortifient sa fonction et augmentent son volume. On conçoit donc que le régime hygiénique et le travail des parties suffisent pour les conserver dans leur intégrale normalité.

(*c*) *Traitement partiel électrisant.* Il consiste dans les matériaux de la nature dont la force atomistique est supérieure à l'activité de notre rayonnement flatueux qu'elle refoule et concentre; ce qui sollicite une réaction contractile et un sécrétisme plus fort des foyers de l'innervation. Mais parmi ces matériaux médicamenteux, il en est qui ont une action plus spéciale sur les diverses parties de notre double arbre économique.

1° La rhubarbe, l'aloès, le soufre, quelques amers, pris journellement à la dose de quelques grains, semblent fortifier plus directement les organes gastriques et chylifères.

2° Les poumons dont le jeu s'affaiblit dans une atmosphère humide sont susceptibles d'acquérir plus de vigueur par un air pur, suroxygéné, venteux, électrique, lumineux et chaud.

3° La circulation s'affermit par le régime augmentatif, les vins généreux, le contentement de l'âme ; et s'exalte par l'alcool, les infusions aromatiques et les passions.

4° Le rachis gris puise une énergie plus ou moins durable dans l'usage des ferrugineux, des préparations de quinquina, des toniques fixes, du régime réparateur ; mais se désordonne par les stimulants généraux et l'habitude de l'ivresse.

5° Le rachis blanc électrise les diverses parties de son arborisme par l'emploi des sens, le travail permanent de la pensée, l'exercice de la voix, la fatigue de ses muscles, la jouissance modérée des plaisirs de l'amour. De plus, les ingesta spiritueux avivent les sens, stimulent l'imagination, aiguisent la voix, facilitent les mouvements, agacent les organes génitaux qui, dit-on, puisent des provocateurs comme spécifiques dans les truffes, les cantharides, le poivre. Mais ces leviers artificiels ne doivent leur puissance qu'aux atomes éminemment expansifs qui les constituent, et qui, triés par l'arbre nerveux blanc, pléthorisent et turgidifient son canal médullaire. Alors ses réactions poussent la liqueur prolifique jusqu'au bouquet terminal, dont

la double filière gonflée passe et éjacule sa superfluité irritante sous le pompement épileptique de la volupté.

6° La peau s'active par les frictions, les onctions alcoo-
liques, les topiques stimulants, l'insolation, les bains sulfureux et les substances fortement expansives qui peuvent
produire, aux divers degrés de leur application, la tonicité, la rubéfaction, la vésication, etc.

7° Les mercuriaux si dangereux semblent agir plus particulièrement sur le système lymphatique général.

8° Les échauffants, en vaporisant beaucoup de lymphe,
augmentent l'exhalation pulmonaire et intestinale.

9° Les diurétiques (asperge, pariétaire, scille, boissons
nitrées) accélèrent principalement le jeu de l'appareil rénal, parce que leurs atomes jouissent d'une force intégrante analogue aux éléments électriques constitutifs de
ces organes.

10° Enfin les sudorifiques (bourrache, sureau, salsepa-
reille, infusions aromatiques chaudes, poudre de Dower)
traversent avec leurs esprits moléculaires tout le cercle des
fonctions nerveuses, artérielles et lymphatiques, et rayonnent finalement par la peau dont ils exaltent l'excrétion.

II. La *médication locale artificielle* ou la *chirurgie* en-
seigne les moyens d'évacuer les liquides superflus, malfaisants et déspiritualisés ; de réunir des fibres vivantes violemment séparées ; de remédier aux déplacements vicieux ;
de retrancher des parties mortes, inutiles ou dangereuses ;
de remplacer des organes perdus ; de maintenir l'équilibre
de ceux qui restent, etc.

III. *Dérivation.* J'appelle plutôt dérivation la méthode
par laquelle on évacue un liquide plus ou moins loin d'un
organe congestionné, afin que le vide opéré par sa sortie

soit remplacé comme immédiatement par l'homogène engorgeur dont le départ soulage si puissamment la partie,
en lui enlevant l'élément nourricier du spiritus sécréteur
vicieusement concentré. C'est ainsi qu'une ou deux sangsues derrière chaque oreille sont si avantageuses dans la
dentition difficile avec imminence d'exaltation cérébrale;
que vingt sur les mastoïdes produisent d'heureux effets
dans la céphalalgie et l'apoplexie; qu'un nombre indéter-
miné, mais relatif à l'exigence, appliqué à l'anus, dégorge
merveilleusement la muqueuse générale et même les poumons. C'est ainsi que la saignée de la jugulaire diminue
plutôt les congestions de l'encéphale; du bras celles de la
poitrine; des jambes celles de l'abdomen. Les ventouses
scarifiées, les saignées locales vident aussi fort bien le tissu
cellulaire sous-cutané qui s'emplit aux dépens de l'organe
tuméfié. Tel est donc l'esprit de la dérivation.....

IV. *Révulsion.* Mais j'entends plutôt par révulsion la
méthode qui attire violemment et par le concours des esprits nerveux les fluides sanguins et lymphatiques esclaves
de leur stimulation, d'un lieu qu'ils obstruent dans un
autre où ils ne produisent qu'une excitation passagère. Le
mot révulsion comprend donc implicitement une concentration plus ou moins éloignée qui exploite à son profit
celle qu'on veut affaiblir. Mais cette méthode est dange-
reuse dans les maladies très-aiguës, car les rachis centraux
déjà opprimés le seraient encore bien davantage par un
surcroît de refoulement. Les *révulsifs* ne sont donc que
des stimulants à divers degrés, c'est-à-dire, des forces
atomistiques supérieures à nos molécules. Aussi peuvent-
ils augmenter le sécrétisme d'une partie quelconque moins
importante, pour rendre le mouvement spiritueux morbide plus grave, tributaire de sa soutiration. On conçoit

donc qu'il en est pour tous les organes du corps : ce qui les rend capables de s'influencer réciproquement. Mais on est convenu de consulter principalement les sympathies, c'est-à-dire d'irriter ceux qui ont par rapport aux autres une affinité fonctionnelle plus ou moins dépendante. C'est ainsi que l'exaltation spiritueuse de la peau a toujours passé pour être en opposition avec celle de la muqueuse générale et *vice-versâ;* que les pédiluves sinapisés semblent plutôt soulager la tête, les manuluves la poitrine, etc. Les frictions stimulantes raniment le mouvement du cœur; le séton à la nuque dissipe les ophthalmies anciennes; le vésicatoire derrière les oreilles les duretés de l'ouïe; le moxa les indolences articulaires, etc. Mais ces effets ne sont pas constants, et dans leur provocation l'on doit considérer et l'état du sécrétisme général et l'électrisation présente des diverses parties.

1° La titillation de la luette, l'introduction des doigts dans la gorge, peuvent dans certaines circonstances, comme l'eau chaude, l'ipécacuanha et l'émétique, produire des vomissements révulsifs avantageux par leur forte action sur l'élasticité de l'estomac.

2° La rhubarbe, le séné, le jalap, l'aloès, la coloquinte, l'huile de Croton tiglium, etc., sont des stimulants énergiques, capables de causer une révulsion plus ou moins violente, appelée purgation, sur la partie moyenne et inférieure des intestins.

3° Les préparations de quinquina et d'autres fébrifuges sont susceptibles d'attirer sur les parois digestives le flatus vicieusement accumulé sur les chylifères où il occasionne des symptômes intermittents.

4° Les cordiaux en agitant la circulation, peuvent y transporter les esprits.

5° L'air vif des montagnes et chaud du midi, fortifient

le jeu des poumons et y appellent les fluides qu'on peut solliciter plus brusquement encore par l'inspiration de l'oxygène pur, du chlore et d'autres gaz irritants.

6° L'éther, les vins capiteux, l'alcool enivrent l'encéphale; mais la colère et l'effroi, en concentrant en lui les forces du corps, le rendent susceptible aussi de la plus grande vigueur ou de la faiblesse syncopale.

7° Le chant affermit la voix.

8° La conduction d'un bâteau, le métier de boulanger, en exerçant surtout les parties supérieures, les fortifient et les grossissent aux dépens des inférieurs qui prédominent sur les autres par la profession de la chasse et de la danse.

9° Le bouquet terminal dérive la tête dans la céphalalgie, l'hypochondrie, la manie et l'hystérie causées par trop de continence. Car l'expansion générale que le plaisir provoque, a souvent dissipé leurs concentrations occasionnelles et produit leurs cures désespérées.

10° Les frictions et le massage par une main amie et d'un autre sexe, auront les mêmes succès, par le sentiment de volupté qui accompagne leur opération qu'un rigorisme sévère peut trouver licencieuse, mais qui a le mérite de ranimer parfois la vie. Qui ne sait que des jeunes gens plongés dans la langueur et menacés d'étisie, ont repris leur vigueur en couchant habituellement entre deux jeunes filles. N'est-ce pas le contact expansif, solliciteur du sécrétisme fondamental, qui a rehaussé son diapason et ramené son énergie à sa normalité physiologique. Pourquoi donc blâmer des moyens médicaux approuvés par la nature? mettra-t-on dans la balance l'existence d'un homme et les prétentions exagérées d'une morale souvent mal comprise!....

On peut encore influencer le derme par des frictions

sèches et humides, stimulantes, l'urtication, la rubéfaction, la vésication, la brûlure. A cet effet on peut recourir aux épispastiques, aux cantharides, à l'écorce de garou vinaigrée, aux pommades stibiée et ammoniacale, aux alcalis purs, aux acides concentrés, au nitrate d'argent, au beurre d'antimoine, etc. Il est admis de placer la vésication aux jambes pour la tête, aux cuisses pour l'abdomen, aux bras pour la poitrine, etc.

11° Il est encore un moyen de révulser par des médicaments qu'on appelle astringents et qui possèdent la propriété intime d'opérer un spasme, c'est-à-dire une concentration spiritueuse, telle que les esprits et les fluides repoussés du lieu de leur application, semblent les abandonner malgré la tendance centrifuge des foyers sécréteurs qui les y précipitent avec plus de vigueur après leur disparition, ce qui nécessite leur permanence. Ces médicaments sont l'alun, l'extrait de saturne, le cachou, la bistorte, le ratanhia, etc. On doit en être extrêmement avare : car toute molécule supérieure à nos organes est une condition de maladie par elle-même, en opprimant notre spiritus nerveux, dont l'expansion régulière est la condition principale de la santé.

12° Quelquefois l'économie est atteinte de vers parasites spontanés ou acquis que sa chaleur peut modifier. On parvient à les tuer par la mousse de corse, le semencontra, le macératum de l'écorce de grenadier, etc. Puis on les expulse avec des minoratifs.

Tel est à peu près le cadre de la médication locale. On voit qu'il renferme l'indice de presque tous les moyens employés depuis l'origine jusqu'à nous. Mais cette immense complication se réduit à peu de chose dans la pratique, et tous ces détails ne doivent être employés que rarement. Car la force des sécrétismes rachidiens est trop aisément dirigeable par les moyens naturels et habituels à la vie, pour recourir souvent à ces préparations artificielles, étrangères à notre organisation.

Indépendamment de ce principe capital, on ne peut trop recommander et pour la médication générale, et pour la locale, que les matériaux soit déspiritualisants, soit conservateurs, soit électrisants dont elles font usage, doivent toujours être subordonnés à l'âge, au tempérament, au sexe, aux habitudes, au régime, à la force actuelle, à l'affection concentrative, saturante ou expansive, à l'état ordinaire de la santé, aux évacuations périodiques, aux dispositions physiques et morales, à l'état de l'atmosphère, aux maladies régnantes, etc. : observation que les praticiens de tous les siècles ont judicieusement proclamée, mais qu'aucun d'eux n'a su rattacher dogmatiquement à la puissance électrique du feu-nerveux intégrant et à sa distillation constante par les foyers rachidiens émanateurs.

Cette considération philosophique nouvelle doit changer la législation de la thérapeutique qui, jusqu'ici imprudente, hasardeuse et inconséquente, n'agira plus qu'avec logique, n'entreprendra rien sans en connaître l'influence sur la cucurbite centrale, sur les serpentins conducteurs, et sur les extrémités viscérales.

Le praticien saura : 1° que l'organisme est composé comme l'Univers de deux sortes d'atomes, l'actif, feu-nerveux constitutionnel qui lui donne, en raison de son essence, sa température propre de 30 à 32 degrés; et le passif qui revêt les nuances matérielles de la fibrine, de l'albumine, de la gélatine et des sels osseux, malgré son mélange avec le premier.

2° Que ce spiritus inhérent à la trame organique est sécrété par le tronc des deux arbres nerveux, par leurs ramifications et leurs terminaisons fibrilaires ; que, par conséquent, tout sécrète en raison d'un même principe qui différencie les produits seulement dans le rapport de sa quantité numérique : ce qui fait varier le sperme, le mucus, la graisse, la synovie, le pus, l'ichor, la carie, etc.

3° Que l'électron sécrété est attiré des aliments, en raison du stimulus des esprits intégrants des cucurbites centrales : stimulus supérieur, parce qu'ils sont plus nombreux.

4° Qu'une fois distillé, cet électron est destiné absolument à être rayonné par les serpentins et les viscères aboutissants ; de sorte que leur expansion sans obstacle, est après les sécrétismes premiers gris et blanc, la seconde condition de la santé.

5° Que, par conséquent, toute maladie est produite par un refoulement de spiritus : ce qui rend identique la nature commune de toutes les affections qui ne varient que par la différence de l'organe, siége du refoulement ; différence qui provient de la somme de ses atomes actifs comparativement aux passifs, et des dépenses habituelles dont il est chargé : ce qui diversifie relativement la réaction morbide sur les foyers distillateurs, le point général de convergence de toute concentration pathologique.

6° Que toute maladie étant l'effet primitif d'un surcroît de spiritualisation accidentelle à un solide, peut prendre une infinité de mouvements comme le sécrétisme central, depuis l'exagération la plus élevée, jusqu'à l'abaissement le plus passif : ce qui doit inspirer la graduation de l'électrisation générale et de la locale dans toute investigation morbide.

7° Que, par conséquent, on doit s'attendre en abordant une maladie, c'est-à-dire un organe partiel, ou l'économie générale, et même les deux, de trouver leur spiritualisation, leur innervation dans un point quelconque de cette graduation.

8° Que l'évaluation de ce point électrique est indispensable à toute tentative de curation, et constitue la moitié du tact médical, résidant plutôt dans un jugement habitué à explorer le cours des lois régulatrices de l'économie, que dans les cervelles routinières des charlatans forains, ou des vieux praticiens de campagne étourdis par une expérience confuse qu'ils n'ont pu analyser.

9° Que la graduation morbide de la spiritualisation, depuis le plus haut période phlogistique jusqu'au plus bas, doit être neutralisée et localement et généralement par des moyens extérieurs à l'organisme.

10° Que ces moyens puisés tous dans le rameau planéto-minéro-végéto-animal de l'Univers (fig. 2), sont composés comme lui de deux sortes d'atomes, les actifs et les passifs : ce qui leur donne une force médicatrice unique et identique à l'aide de laquelle seule nous pouvons modifier la spiritualisation de notre être.

11° Que cette force médicatrice basée sur l'activité atomistique peut être représentée par une vaste graduation renfermant des divisions nombreuses, dont chacune d'elles, opposée au degré analogue d'exaltation spiritueuse, doit la neutraliser : ce qui exige une évaluation comparative sagace, l'autre condition jumelle du tact médical.

12° Que conséquemment si tous les organes, imbus d'un même principe, le feu-nerveux intégrant, sont morbides en raison de l'abondance variable, depuis l'ivresse jusqu'à l'inanition de ce principe unique, identique; de même tous les matériaux de la Nature, alimentaires ou médicamenteux, imbus d'un même principe constitutionnel électro-atomistique, possèdent la même puissance unique, identique, de neutraliser le feu-nerveux du corps par les degrés immenses de sa concentration la plus intense, ou de sa clarification la moins agissante.

13° Que ce feu nerveux organique et cette puissance médicamenteuse, jouissant d'une seule et même force moléculaire, le *sécrétisme* caractérisé par les deux propriétés originelles et dépendantes, l'*attraction* et l'*expansion*, agissent réciproquement l'un sur l'autre par des effets identiques, le *stimulus*, c'est-à-dire le rayonnement, l'*excentricité* inséparable de tout mouvement sécréteur et de toute attraction : puisque mouvement ou atomes actifs est synonyme, et que attraction et rayonnement sont des conséquences immédiates, absolues de leur présence. Voilà pourquoi les fluides sanguins et lymphatiques, entraînés aussi passivement que l'eau par la pesanteur, que l'air par le vide, se précipitent toujours dans la sphère d'activité de toute molécule introduite, supérieure aux esprits du corps.

14° Que la vie étant un sécrétisme à un certain degré, doit être entretenue par des combustibles d'un degré analogue, c'est-à-dire dont les éléments appliqués sur nos organes soient facilement séparés par leur élasticité supérieure qui les atténue, les divise et les absorbe par l'attraction focale, d'abord au moyen du grand conduit alambicien, composé des rouages digestifs, chylifères, artériels; et ensuite par les pores nerveux des gangues grises et blanches de l'innervation.

15° Que lorsque ces combustibles jouissent d'une activité intrinsèque plus forte que la température et le rayonnement élastique de notre sécrétisme, leur expansion trop puissante, supérieure à ce rayonnement, le refoule : ce qui concentre les esprits toujours divergents ; opprime d'abord l'émanation locale, ensuite la générale ; et occasionne selon le siége, la structure, le degré de spiritualisation de l'organe atteint, des désordres pathologiques conséquents.

La première phase de la maladie produite est appelée état aigu ; c'est un degré dans le thermomètre que le feu-intégrant peut parcourir, c'est, dis-je, un degré supérieur à la température, à l'électrisation habituelle.

La santé est cette électrisation ordinaire, caractérisée par l'exécution régulière des sécrétismes centraux, inter-médiaires et circonférenciels, et par la normalité de leur expansion totale. Mais elle est néanmoins susceptible de varier en diapason chez tous les individus ; de même que dans le rameau zoologique, les espèces diffèrent en tem-pérature et en motilité, depuis les polypes et les mollus-ques jusqu'aux mammifères les plus complets.

La chronicité survient lorsque le sécrétisme gris fonda-mental n'a pu dissiper l'obstacle morbifique par ses pre-miers efforts. Alors, trop longtemps exploité par une addi-tion étrangère à l'économie, il fait bientôt tomber l'arbre sensorial, ou du moins quelques-unes des fonctions atta-chées à ses rameaux, dans un degré inférieur an rhythme de la santé. Quant à la concentration locale, elle existe toujours la même, et sa réaction sur le foyer vital est en-core permanente, mais moins impétueuse en raison de la pénurie électrique générale.

Cette période que le praticien initié à nos mystères phi-losophico-physiologiques doit s'efforcer d'éviter comme un écueil qui conduit à la mort, s'accompagne presque toujours de la dénaturation de l'organe premièrement lésé. La réaction constante des centres sur son oppression l'a plus ou moins durci, oblitéré, paralysé, brûlé, ulcéré, squirrhifié : degrés multiples de la progression décroissante que l'électrisation malade peut parcourir jusqu'à la gan-grène, qui est la putréfaction consécutive à la mort, à toute déspiritualisation générale ou locale.

L'état aigu et l'état chronique, depuis le point culminant de l'électrisation jusqu'à sa disparition complète,
constituent dans leur intermédiaire toutes les espèces de
maladies et les manifestations symptomatiques par lesquelles elles apparaissent. C'est donc dire que toute affection ne consiste pas dans ses symptômes, quel qu'en soit le
groupe; car ils ne sont que le reflet secondaire du mal.
Elle ne réside même pas entièrement dans le solide local,
mais 1° dans son feu-intégrant qui sollicite, en raison directe de sa quantité, des fluides esclaves de son attraction;
2° dans le refoulement de ses rayons sur les rachis fondamentaux; et 3° dans les désordres généraux conséquents
des oppressions focales. Voilà pourquoi jamais une maladie
ne se représente absolument semblable à elle-même dans
tous les détails de son histoire, chez deux, chez vingt individus que nous croyons atteints de telle ou telle entité.
C'est donc dire qu'il ne faut pas personnifier les affections;
leur donner des caractères particuliers; en faire des êtres
distincts, susceptibles d'être catégorisés, mais plutôt les
considérer comme des résultats extrêmement variables et
de la réaction locale et de la centrale sur des particules
oppressives des irradiations nerveuses. Je dis extrêmement variables, parce que l'obstacle peut s'étendre sur
une surface organique plus ou moins large; que cette
surface peut influencer un viscère voisin plus ou moins irritable; que le refoulement peut se faire avec plus ou
moins d'impétuosité; que les foyers eux-mêmes peuvent
distiller plus ou moins d'électron, et que leurs transports
nerveux sur d'autres parties dérivatrices peuvent occasionner des effets plus ou moins orageux. Toutes les maladies
ayant donc une même cause, un obstacle au feu-nerveux;
une même essence, ce feu-nerveux intégrant plus ou moins
répulsif et environné de fluides saturateurs; une même

tendance, la dissipation de l'obstacle entravant ; le même effet conséquent, la réaction sur les foyers distillateurs, et tout cela à divers degrés : il est impossible de classer les affections par ordres, genres, espèces, etc. Ce qui détruit l'idée de tout spécifique, antidote, panacée, chimères caressantes, charlatanisme flatteur des siècles empiriques. Car tout remède n'agit que par son *activité atomistique* ou *déspiritualisante*, parce qu'elle est négative ; ou *conservatrice*, parce qu'elle procure des matériaux combustibles aisés aux foyers vitaux ; ou *électrisante :* 1° généralement, parce qu'elle en fournit beaucoup sous un petit volume ; 2° localement, parce qu'elle provoque avec énergie l'opposition réactive de notre spiritus élastique.

De ces considérations importantes découle évidemment le principe qu'on ne doit jamais abandonner une maladie à elle-même, puisqu'une maladie n'est pas un être étranger qui naît, se développe et meurt individuellement, en dehors des parties de l'économie que dans cette hypothèse elle n'intéresserait pas ; mais puisqu'au contraire c'est la vitalité entière toujours compromise par une atteinte locale inhérente, dont la tendance ordinaire est de l'embraser généralement et de l'étouffer sous l'oppression de sa spiritualisation entravée. Que de victimes donc furent causées par la méthode fatale de l'*expectation, véritable étude de la mort,* comme le proclamait si énergiquement le judicieux Asclépiade. La *force médicatrice* de Stahl n'est que le misérable enfant de cet antique abandon de la maladie à elle-même. La nature n'était victorieuse qu'en surmontant l'obstacle engorgeur sous la réaction expansive du feu-nerveux sans cesse rayonnant. Mais que de fois cette expansion impuissante, loin de dissiper la maladie viscérale, n'a-t-elle pas été refoulée sur les foyers principaux qu'elle a tués. Bannissons donc ces préjugés enrayants, triste débris de l'ignorance et de l'incapacité de nos prédécesseurs, et proclamons des vérités nouvelles nées dans le cours progressif de la science qui s'élabore de plus en plus par la loi purificative attachée à la physiologie de l'arborisme de la nature.

Dès qu'une maladie s'est déclarée et qu'on a reconnu le degré d'électrisation locale et générale, ainsi que sa nuance aiguë ou chronique, on proportionne l'électrisation médicamenteuse générale et locale, négative ou augmentative dans les mêmes rapports, de manière à obtenir l'équilibre de la santé. De sorte que les premiers jours de l'affection la plus exaltée, vous refusez tout aliment, tout atome électrique; au contraire, vous en appliquez, vous en incorporez d'absorbants, de froids, de neutralisateurs qui saturent les éléments ignés du corps, apaisent le sécrétisme focal, diminuent la somme du spiritus émané et ralentissent les mouvements vicieux généraux et particuliers.

Le tact médical consiste à suivre cette progression salutaire jusqu'au retour de la santé, en n'affaiblissant ni n'exaltant pas trop les centres nerveux, et en ne débilitant ni ne fortifiant pas trop les appendices affectés : principe qui doit être suivi à la lettre, et empêcher les maladies de dégénérer en chronicité, état malheureux de dénaturation organique, où la tuméfaction, l'engorgement, l'induration, la déspiritualisation, l'ulcération, le squirrhe, etc., ne peuvent être que difficilement réintégrés dans la normalité physiologique. Alors par le traitement privatif, conservateur ou augmentatif de la médication générale, vous entretenez les foyers distillateurs dans une permanence de sécrétisme également éloignée de la faiblesse comme de l'exagération; et par les moyens désélectrisants, conservateurs, spiritualisants, dérivatifs, révulsifs et chirurgicaux de la médication locale, vous modifiez convenablement l'organe dégénéré qui ne cède le plus souvent qu'à la persévérance du régime médiocrement réparateur; qu'à la privation de surexcitation focale et partielle, et à la désassimilation progressive, soit spiritueuse, soit sanguine qui dilate l'organe, épanouit ses fibres, rétablit ses pores, leur permet de tamiser le flatus vital qui l'électrise, et lui rend, par son incorporation, son élasticité dès lors mieux fonctionnelle et très-près de l'entière normalité.

Mais c'est assez de ces vastes principes, car s'il fallait développer toutes les circonstances particulières qui nécessitent leur immense application, l'on se plongerait dans les détails infinis d'une pathologie élémentaire. Dans l'énoncé d'une doctrine, il suffit de soulever sur l'horizon l'astre qui l'éclaire : ses rayons pénètrent bientôt dans les antres les plus obscurs, dans les réduits les plus inaccessibles ; et, charmé de sa lumière, tout s'agite à son influence, et proclame avec expansion les bienfaits d'une nouvelle vitalité. Puisse donc la vérité éclairer aussi cet essai consciencieux, électriser l'imagination de ses lecteurs, car elle a fait vibrer la mienne ; et porter dans la pratique médicale le flambeau de la santé !.... Mon âme contente à des résultats si heureux, se transportera en idée au centre sécréteur de la Nature organisée et vivante, à ses branches divergentes et ramifiées jusqu'aux confins du monde, et à l'étoile brillante de notre système planétaire, fixée par l'attraction et l'expansion de ses atomes dans la place attachée à leurs lois et aux puissances du voisinage. Notre terre même, perdue au milieu de l'immensité, se représentera à mon intuition comme une graine développée avec les minéraux de sa tige et de son branchage, les végétaux de ses feuilles, et les animaux de ses fleurs et de ses fruits.

De sorte que l'homme, déroulé aux derniers bourgeons purifiés des mammifères, apparaîtra à mon imagination frappée, comme la dernière élaboration de l'Univers avec son anatomie arborescente, sa physiologie sidérale et les actes organiques ou sensoriaux de son élasticité, les conséquences des lois primordiales, intermédiaires et finales que les atomes activo-passifs exécutèrent dans le perfectionnement progressif de la Nature, par les rapports combinés de leurs influences réciproques.

Telle est donc la conception de mon faible esprit. Je ne sais si elle méritera un souvenir de l'histoire, un regard même de mes contemporains. Quoi qu'il en soit, je la jette dans le tourbillon social, en stimulation aux intelligences médico-philosophiques. Son succès dépendra de son *activité* intrinsèque, de la curieuse *attraction* dont elle sera digne, du *sécrétisme* prosélytique qui l'interprétera, et de l'*expansion* excentrique qu'elle exercera sur les doctrines acéphales du jour, qui pâliront sans doute devant l'imposante clarté d'une comparaison impartiale, la pierre de touche la plus noble et la plus sûre des compositions charlataniques et rationnelles.

FIN.

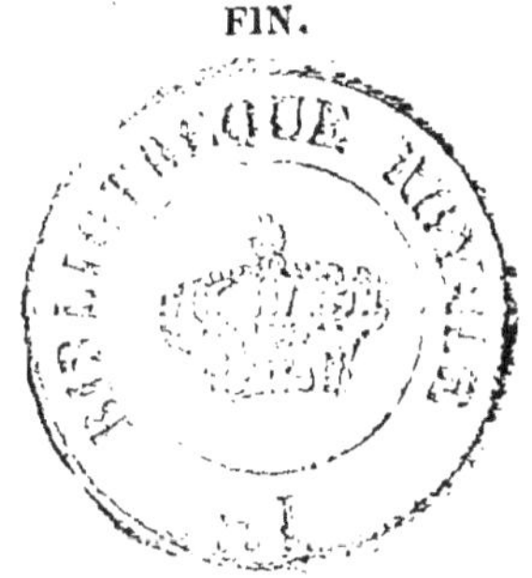